普通高等教育基础课规划教材

概率论与数理统计

（少学时）

赵立英　赵金玲　刘白羽　廖福成　王丹龄　编

机械工业出版社

本书是为在中国大陆留学的本科生编写的概率论与数理统计教材，以"降难度、抓重点、求实效"为编写原则，内容尽量与留学生高中学习内容衔接，在分析国内外数学教育比较数据的基础上，补充了留学生学习概率论与数理统计课程中缺失的知识点。为帮助留学生克服语言上的困难，本书尽量避免大段文字叙述，增加实例，力求内容简明易懂，同时删除现行教材中过深过难，且非核心知识点的内容。

　　本书内容包括概率论的基础知识、随机变量、随机变量的数字特征、统计估值、假设检验等。

图书在版编目（CIP）数据

概率论与数理统计/赵立英等编. —北京：机械工业出版社，2017.2

普通高等教育基础课规划教材. 少学时

ISBN 978-7-111-55930-6

Ⅰ.①概… Ⅱ.①赵… Ⅲ.①概率论–高等学校–教材②数理统计–高等学校–教材 Ⅳ.①O21

中国版本图书馆 CIP 数据核字（2017）第 008672 号

机械工业出版社（北京市百万庄大街22号　邮政编码100037）

策划编辑：郑　玫　责任编辑：郑　玫　陈崇昱

责任校对：刘　岚　封面设计：张　静

责任印制：李　飞

北京天时彩色印刷有限公司印刷

2017 年 3 月第 1 版第 1 次印刷

169mm×239mm · 7.25 印张 · 123 千字

标准书号：ISBN 978-7-111-55930-6

定价：25.00 元

凡购本书，如有缺页、倒页、脱页，由本社发行部调换

电话服务　　　　　　　　　　　　网络服务

服务咨询热线：010-88379833　　机 工 官 网：www.cmpbook.com

读者购书热线：010-88379649　　机 工 官 博：weibo.com/cmp1952

　　　　　　　　　　　　　　　　教育服务网：www.cmpedu.com

封面无防伪标均为盗版　　　　金 书 网：www.golden-book.com

Preface 前　言

　　高等教育国际化是 21 世纪世界教育发展的趋势之一，也是我国高等教育发展的必然选择。来华留学生教育作为我国高等教育国际化的重要组成部分，其发展状况和水平既是衡量我国国民经济、科技、教育发展水平的重要指标，也是反映我国对外交往成果的重要内容。在教育部制定的《留学中国计划》中明确提出"到 2020 年，使我国成为亚洲最大的留学目的地国家。……在我国接受高等学历教育的留学生达到 15 万人。"在这股浪潮中，北京科技大学顺势而动，大力发展来华留学生教育，取得了一定的成绩。

　　北京市于 2011 年公布的《留学北京行动计划》中提出"扩大规模、优化结构、规范管理、保证质量"的工作方针，使学校深刻意识到当前来华留学生教育已经由注重数量的粗犷型发展进入了优化结构、提高质量的内涵型发展时期，也就是说，高校来华留学生教育工作在保证数量规模的前提下，需要深耕细作，狠抓培养质量。为此我校开展了课程改革试验活动，作为教学改革的具体实施者，高等数学教研组多次在师生间和教师间召开座谈会，认真听取留学生与任课教师的意见，寻找改革方向。

　　概率论与数理统计是师生公认的学习与讲授难度都较高的课程。这门课程要求学习者具备良好的数学基础，而很多留学生即使在自己国家完成了高中教育，仍无法达到我国高校，尤其是理工类高校的数学课程的学习水平，加上各高校目前仍采用汉语授课，使留学生的学习难度进一步加大。而对于授课教师来说，教材内容与留学生数学水平不匹配，也使老师难以在有限的教学周内有效地完成教学计划。为解决这一难题，我们教研组组织编写了本书。

　　本书以"降难度、抓重点、求实效"为编写原则。为使教材内容尽量与留学生高中学习内容衔接，学习时不产生断档，在编写过程中，我们参考了国外数学教材，以了解国外数学教育的难易程度与知识点的讲解情况。在分析国内外数学教育比较数据的基础上，我们补充了留学生在学习概率论与数理统计课程中缺失的知识点，以期为他们夯实基础，通过对知识点由浅入深、由易而难的讲解，减轻甚至避免留学生对课程产生畏难、厌学等情绪。为帮助留学生克服语言上的困难，教材中尽量避免了大段的文字叙述，增加实例，力求内容简明易懂，激发学生的学习兴趣，同时删除现行教材中过深过难，且非核心知识点的内容，真正做到让留学生见之思学，学之能会。

　　本书是北京市资助的"北京科技大学教学改革"重点立项项目，我们希望通过本书的出版，抛砖引玉，推动更多课程进行教学改革，推动更多同仁投入到留学生教材编写的工作中来。教材编写是发展来华留学生教育的基础工作，只有以留学生需求为导向，不断改革教材内容，探索适合的教育模式，才能从根本上提高来华留学生培养的质量，从而促进来华留学生教育的良性循环，实现来华留学生教育的可持续发展。

编　者

Contents

目　录

第 **1** 章

概率论的基础知识

1.1 预备知识

1.1.1 集合论的基本知识

1. 定义

集合是具有某种特性的研究对象的全体。这些研究对象称为集合的**元素**（element）或**成员**（member）。给定一个对象，我们总能判定它是否在一个集合中。

用大写字母 A、B、C 等来表示集合；

用小写字母 a、b、c 等表示集合的元素。

若 a 是集合 A 的元素，则记为 $a \in A$，读作 a 属于 A；若 a 不是集合 A 的元素，则记为 $a \notin A$，读作 a 不属于 A。

2. 集合表示法

（1）如 $A = \{a,b,c,d,e,f\}$，$B = \{a,b,c,\cdots,z\}$。

（2）$A = \{x \mid P(x)\}$，其中 $P(x)$ 表示 x 所满足的条件。

（3）还可以用文氏图表示集合。

3. 例子

（1）$\mathbf{Q} = \{x \mid x = p/q, q \neq 0, p、q \text{ 为整数}\}$，这是有理数集合。

（2）$\mathbf{R} = \{x \mid -\infty < x < +\infty\}$，这是实数集合。

（3）$S = \{x \mid ax^2 + bx + c = 0\}$，这是方程 $ax^2 + bx + c = 0$ 的解的集合。

（4）$\Phi' = \{x \mid x^2 + 1 = 0, x \in \mathbf{R}\}$，这是方程 $x^2 + 1 = 0$ 的实数解的集合。

（5）$\Phi'' = \{\text{身高为 } 100\text{m 的人}\}$。

注：例子（4）与例子（5）所表示的"集合"实际上不含任何元素，我们称它们为**空集**（合），与空集对应的是"全集"。引入空集会给讨论带来方便。

可证，所有空集都是相同的，即空集是唯一的。今后用 $\varnothing$ 表示空集，而全集则是所考虑的所有对象的集合。

4. 集合的关系与运算

（1）**包含** $A \subset B$：若 $a \in A \Rightarrow a \in B$，则称 A 包含于 B 或 B 包含 A，记为 $A \subset B$。这时称 A 是 B 的子集。如图 1-1 所示。

可证，空集包含于任何集合中。

（2）**相等** $A = B$：如果 $A \subset B$，同时 $B \subset A$，则称 A 与 B 相等，记为 $A = B$。

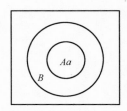

图 1-1　包含

明显地，$A \subset A$。若 $A \subset B$ 且 $B \subset C$，则 $A \subset C$。

（3）**并集** $A \cup B$（或 $A + B$）：$A \cup B = \{x \mid x \in A \text{ 或 } x \in B\}$。如图 1-2 所示。

（4）**交集** $A \cap B$（或 AB）：$AB = \{x \mid x \in A \text{ 且 } x \in B\}$。如图 1-3 所示。

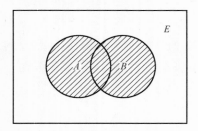

图 1-2　并集

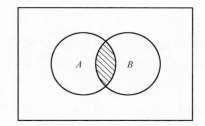

图 1-3　交集

（5）**差集** $A - B$（或 $A \setminus B$）：$A - B = \{x \mid x \in A \text{ 且 } x \notin B\}$。如图 1-4 所示。

（6）**余集**：设 S 为全集，则称 $S - A$ 为 A 的余集，记为 $\bar{A}$。如图 1-5 所示。

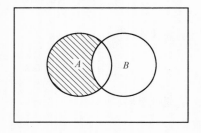

图 1-4　差集

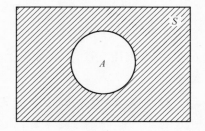

图 1-5　余集

可证 $\bar{\bar{A}} = A$，$A \subset B \Rightarrow \bar{B} \subset \bar{A}$，$\overline{A \cup B} = \bar{A}\,\bar{B}$，$\overline{AB} = \bar{A} \cup \bar{B}$。

（7）$A \cup B = B \cup A$，$AB = BA$。

（8）$(A \cup B) \cup C = A \cup (B \cup C)$，$(AB)C = A(BC)$。

（9）$(A \cup B)C = (AC) \cup (BC)$，$(A - B)C = (AC) - (BC)$。

（10）$(AB) \cup C = (A \cup C)(B \cup C)$。

（11）德·摩根（de Morgan）公式

$$\overline{\bigcup_{i=1}^{n} A_i} = \bigcap_{i=1}^{n} \overline{A_i}，\quad \overline{\bigcup_{i=1}^{\infty} A_i} = \bigcap_{i=1}^{\infty} \overline{A_i}，$$

$$\overline{\bigcap_{i=1}^{n} A_i} = \bigcup_{i=1}^{n} \overline{A_i}，\quad \overline{\bigcap_{i=1}^{\infty} A_i} = \bigcup_{i=1}^{\infty} \overline{A_i}。$$

5. 集合的分类

有限集、无限集（包括可数集、不可数集）。

1.1.2　排列与组合

1. 乘法原理与加法原理

乘法原理：若进行 A_1 过程有 n_1 种方法，进行 A_2 过程有 n_2 种方法，则进行 A_1 过程后再进行 A_2 过程，共有 $n_1 n_2$ 种方法。

加法原理：若进行 A_1 过程有 n_1 种方法，进行 A_2 过程有 n_2 种方法，则进行 A_1 过程或 A_2 过程共有 $n_1 + n_2$ 种方法。

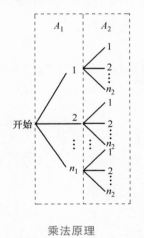

乘法原理

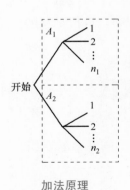

加法原理

以上两个原理可推广到 n 个过程的情形。

2. 排列

从 n 个不同元素中取出 r 个排列成一列，不允许其中任何元素重复出现，叫作 n 个元素的一个 r-（无重）排列。

n 个元素的 r-排列的总数用 A_n^r 表示，n 个元素的 n-排列称为全排列，全排

列的个数记为 P_n（即 $P_n = A_n^n$）。

定理 1.1 （1）$A_n^r = n(n-1)\cdots(n-r+1) = \dfrac{n!}{(n-r)!}$；

（2）$P_n = n \cdot (n-1) \cdot \cdots \cdot 2 \cdot 1 = n!$。

证明 只需证明（1）。

在一个排列 $a_1 a_2 \cdots a_r$ 中，a_1 可以取 n 个元中的任何一个，故有 n 种取法。a_1 取定后，a_2 可以取其余 $n-1$ 个元中的任何一个，有 $n-1$ 种取法。依次下去，在 a_1，a_2，$\cdots$，a_{r-1} 取定后，a_r 可以取剩下的 $n-r+1$ 个元中的任何一个，故有 $n-r+1$ 种取法。由乘法原理，总的取法数为

$$n(n-1)\cdots(n-r+1)$$

证毕。

【例1】 从 1，2，$\cdots$，9 中任取 3 个数字，可以组成
$$A_9^3 = 9 \times 8 \times 7 = 504$$
个没有重复数字的三位数。

【例2】 五人站成一排照相，问共有多少种不同的站法。

解 共有 $P_5 = 5!$ 种不同的站法。

注：若指定一人在中间，则排法数为 $P_4 = 4!$。

【例3】 一共有多少个每位数字不同的 5 位数？

解 一个每位数字不同的 5 位数是数字 0，1，2，$\cdots$，9 的一个 5-排列。在这些排列中，首位是 0 的 5-排列不是 5 位数。所以每位数字不同的 5 位数共有
$$A_{10}^5 - A_9^4 = 27216 \text{（个）}。$$

3. 组合

定义 1.1 从 n 个不同元素中任意选出 r 个构成一组（不计其中元素顺序），且不允许任何元素重复出现，称为 n 个不同元素的一个 **r-（无重）组合**。

n 个不同元素的 r-组合的个数记为 C_n^r 或 $\dbinom{n}{r}$，可证

$$C_n^r = \frac{A_n^r}{r!} = \frac{n!}{r!(n-r)!}(r = 1, 2, \cdots, n)。$$

【例4】 从一副 52 张的扑克牌中任意取出 5 张，有 C_{52}^5 种取法，没有 A 的取法为 C_{48}^5 种，限定 5 张中有一张是 A 的取法为 $C_4^1 C_{48}^4$ 种。

【例5】 在一个平面上给出 30 个点，其中没有三点在一条直线上。问在该平面上通过这些点可以确定多少条不相同的直线？可以构成多少个位置不同的三角形？

解　不相同的直线数为

$$C_{30}^2 = \frac{30!}{2! \times 28!} = 435,$$

位置不同的三角形数为

$$C_{30}^3 = \frac{30!}{3! \times 27!} = 4060。$$

4. 可以重复的排列

定义 1.2　从 n 个不同元素中取出 r 个进行排列，允许其中元素重复出现，叫作 n 个元素的一个 **r- 可重排列**。

n 个不同元素的 r- 可重排列的总数记为 $U(n,r)$，可证

$$U(n,r) = n^r (r\text{ 可以大于 } n)。$$

n 个元素如果可以分成 k 组，每组分别有 m_1，m_2，$\cdots$，m_k 个相同元素，而组间元素不同 $\left(\sum_{i=1}^{k} m_i = n\right)$，则这 n 个元素的全排列总数为

$$\frac{n!}{m_1! \, m_2! \cdots m_k!}。$$

证明　如设这组元素为

$$\underbrace{a \cdots a}_{m_1 \text{个}} \underbrace{b \cdots b}_{m_2 \text{个}} \cdots \underbrace{k \cdots k}_{m_k \text{个}} \tag{1}$$

设这些元素的排列总数为 x，我们把 m_1 个 a，m_2 个 b，$\cdots$，m_k 个 k 区别开来，比如说，我们给它们编上号

$$a_1 \cdots a_{m_1} b_1 \cdots b_{m_2} \cdots k_1 \cdots k_{m_k} \tag{2}$$

固定式（1）中 x 个排列的一个，则这个排列对应于式（2）中的 $m_1! m_2! \cdots m_k!$ 种不同排法，而式（2）的排列总数为 $n!$，从而有

$$m_1! m_2! \cdots m_k! x = n!,$$

因而有

$$x = \frac{n!}{m_1! \, m_2! \cdots m_k!}。$$

我们规定：$C_n^0 = 1$，$A_n^0 = 1$，$0! = 1$。

5. 关于排列组合的初等性质

（1）$A_n^r = n A_{n-1}^{r-1} (n \geqslant r \geqslant 2)$；

（2）$A_n^r = r A_{n-1}^{r-1} + A_{n-1}^r (n \geqslant r \geqslant 2)$；

（3）$C_n^r = C_{n-1}^r + C_{n-1}^{r-1} (n \geqslant r \geqslant 2)$；

（4）$C_n^r = C_n^{n-r}$；

（5）$(a+b)^n = \sum_{k=0}^{n} C_n^k a^k b^{n-k}$；

（6）$C_n^0 + C_n^1 + \cdots + C_n^n = 2^n$。

证明 性质（1）的证明：在 n 个元素中，任何一个均可居于无重排列的首位，故共有 n 种取法，当首元取定后，其他位置上的元素只能从其余 $n-1$ 个中取，从而有 A_{n-1}^{r-1} 种取法，由乘法原理知 $A_n^r = nA_{n-1}^{r-1}$。

性质（2）的证明：当 $r \geqslant 2$ 时，把 n 个元素的 r-无重排列分成两类，一类含有某元素 a，一类不含元素 a。对前一类中的排列，a 有 r 个位置可供占取，去掉 a 后，剩下的就是 $n-1$ 个元素的 $(r-1)$-无重排列，故排列数为 rA_{n-1}^{r-1}。后一类排列就是 $n-1$ 个元素的 r-无重排列，故排列数为 A_{n-1}^r。因此有

$$A_n^r = rA_{n-1}^{r-1} + A_{n-1}^r。$$

性质（2）的另一种证明：

$$A_n^r = n(n-1)\cdots(n-r+1) = nA_{n-1}^{r-1} = \left[r+(n-r)\right]A_{n-1}^{r-1} = rA_{n-1}^{r-1} + (n-r)A_{n-1}^{r-1}$$

$$= rA_{n-1}^{r-1} + (n-r)(n-1)(n-2)\cdots\left[(n-1)-(r-1)+1\right]$$

$$= rA_{n-1}^{r-1} + (n-r)(n-1)(n-2)\cdots(n-r+1)$$

$$= rA_{n-1}^{r-1} + (n-1)(n-2)\cdots(n-r+1)(n-r)$$

$$= rA_{n-1}^{r-1} + A_{n-1}^r。$$

性质（3）的证明：

当 $r \geqslant 2$ 时，把 n 个元素的 r-无重组合分成两类，一类含有某固定元素 a，一类不含元素 a。在第一类组合中去掉 a 后，就是 $n-1$ 个元素的 $(r-1)$-无重组合，添上 a 后，就是包含 a 的 r-无重组合，故二者之间有一一对应关系。而 $n-1$ 个元素的 $(r-1)$-无重组合数为 C_{n-1}^{r-1}，故第一类组合数为 C_{n-1}^{r-1}。第二类组合就是 $n-1$ 个元素的 r-无重组合，其个数为 C_{n-1}^r，所以

$$C_n^r = C_{n-1}^r + C_{n-1}^{r-1}。$$

性质（3）的另一种证明：

$$C_n^r = \frac{A_n^r}{r!} = \frac{rA_{n-1}^{r-1}}{r!} + \frac{A_{n-1}^r}{r!} = \frac{A_{n-1}^{r-1}}{(r-1)!} + \frac{A_{n-1}^r}{r!} = C_{n-1}^r + C_{n-1}^{r-1}。$$

其余公式的证明略。

6. 可以重复的组合

如果从 n 个元素中选出 r 个进行组合，允许元素重复出现，称为 n 个元素的一个 **r-可重组合**，其组合数总数记为 $F(n,r)$。可证：

$$F(n,r) = \binom{n+r-1}{r}。$$

1.2 随机试验

确定性现象：在一定条件下必然发生的现象。

随机现象：在个别试验中其结果呈现出不确定性，但在大量重复试验中其结果又具有统计规律性的现象。

研究随机现象，首先要对现象进行观察或试验。在概率论中把具备以下特点的试验称为**随机试验**：

（ⅰ）在相同条件下重复进行；

（ⅱ）每次试验的可能结果不止一个，并且事先明确试验的所有结果；

（ⅲ）进行一次试验之前不知道哪个结果会出现。

我们把随机试验简称为**试验**。

下面几个是试验的例子。

E_1：抛一枚硬币，观察正反面出现的情况；

E_2：掷一颗骰子，观察出现的点数；

E_3：在一批灯泡中抽取一只，观察其寿命。

1.3 样本空间和随机事件

1.3.1 样本空间

由随机试验 E 的所有可能结果构成的集合称为试验 E 的**样本空间**，记为 S，样本空间的元素，即 E 的每个结果，称为**样本点**。

【例1】 抛一枚硬币，观察正反面出现的情况，$S = \{$正面，反面$\}$。

【例2】 掷一颗骰子，观察出现的点数，$S = \{1,2,3,4,5,6\}$。

1.3.2 随机事件

随机事件：样本空间 S 的子集称为试验 E 的**随机事件**，简称**事件**。用大写字母表示事件。事件 A 发生，当且仅当 A 的一个样本点出现。

基本事件：由一个样本点组成的单点集，因而样本空间又称为基本事件空间。

必然事件 S：在一定的条件下重复进行试验时，有的事件在每次试验中必然会发生，这样的事件叫必然发生的事件，简称**必然事件**。

不可能事件∅：把在一定条件下不可能发生的事件叫**不可能事件**。

【**例3**】　为了检验一批产品的合格率，取出一件进行检查，$S = \{$合格，不合格$\}$。

1.3.3　事件的关系和运算

1. 事件的关系

（1）包含：若 $A \subset B$，则称事件 B 包含事件 A，指事件 A 发生必导致事件 B 发生，这时称 A 是 B 的子事件。

（2）相等：若 $A \subset B$ 同时 $B \subset A$，则称事件 A 与事件 B **相等**，记为 $A = B$，它表示 A 与 B 要么同时出现，要么同时不出现。

（3）$A \cup B = \{x \mid x \in A$ 或 $x \in B\}$ 称为事件 A 与事件 B 的**和**，它表示 A 与 B 至少有一个发生，推广 $\bigcup\limits_{i=1}^{n} A_i$，$\bigcup\limits_{i=1}^{\infty} A_i$。

（4）$A \cap B = \{x \mid x \in A$ 且 $x \in B\}$ 称为事件 A 与事件 B 的**积**，它表示 A 与 B 同时发生，推广 $\bigcap\limits_{i=1}^{n} A_i$，$\bigcap\limits_{i=1}^{\infty} A_i$。

（5）$A - B = \{x \mid x \in A$ 且 $x \notin B\}$ 称为事件 A 与 B 的**差**，它表示 A 发生但 B 不发生。

（6）若 $A \cap B = \emptyset$，则称事件 A 与 B 是**互不相容的**或**互斥的**，它表示 A 与 B 不能同时发生。

（7）若 $A \cap B = \emptyset$ 且 $A \cup B = S$，则称事件 A 与 B 互为**逆事件**或互为**对立事件**，它表示每次试验中 A 与 B 必有一个发生且只有一个发生。A 的对立事件记为 $\overline{A}$，$\overline{A} = S - A$。

2. 事件的运算

事件的运算满足以下运算律：

（1）交换律：$A \cup B = B \cup A$，$AB = BA$。

（2）结合律：$(A \cup B) \cup C = A \cup (B \cup C)$，$(AB)C = A(BC)$。

（3）分配律：$(A \cup B)C = (AC) \cup (BC)$，$(A \cap B) \cup C = (A \cup C) \cap (B \cup C)$。

（4）德·摩根公式

$$\overline{A \cup B} = \overline{A}\,\overline{B}, \qquad \overline{AB} = \overline{A} \cup \overline{B},$$

$$\overline{\bigcup_{i=1}^{n} A_i} = \bigcap_{i=1}^{n} \overline{A_i}, \qquad \overline{\bigcup_{i=1}^{\infty} A_i} = \bigcap_{i=1}^{\infty} \overline{A_i},$$

$$\overline{\bigcap_{i=1}^{n} A_i} = \bigcup_{i=1}^{n} \overline{A_i}, \qquad \overline{\bigcap_{i=1}^{\infty} A_i} = \bigcup_{i=1}^{\infty} \overline{A_i}。$$

一些明显结果：

$$A \cup A = A, \quad A \cap A = A, \quad A \cup \varnothing = A, \quad A \cap \varnothing = \varnothing,$$
$$A \cup S = S, \quad A \cap S = A, \quad A - \varnothing = A, \quad S - A = \overline{A},$$
$$A - B = A\overline{B}。$$

【例 4】　若 A、B、C 是三个事件，则

（1）A 发生而 B 与 C 都不发生可表示为

$$A\,\overline{B}\,\overline{C} \text{ 或 } A - B - C \text{ 或 } A - (B \cup C)。$$

（2）A 与 B 都发生而 C 不发生可表示为

$$AB\,\overline{C} \text{ 或 } AB - C \text{ 或 } AB - ABC \text{ 或 } AB - AC \text{ 或 } AB - BC。$$

（3）A、B、C 都发生可表示为 ABC。

（4）A、B、C 恰有一个发生可表示为 $A\,\overline{B}\,\overline{C} + \overline{A}B\,\overline{C} + \overline{A}\,\overline{B}C$。

（5）A、B、C 恰有两个发生可表示为 $AB\,\overline{C} \cup A\,\overline{B}C \cup \overline{A}BC$。

（6）A、B、C 至少发生一个可表示为 $A \cup B \cup C$ 或

$$A\,\overline{B}\,\overline{C} + \overline{A}B\,\overline{C} + \overline{A}\,\overline{B}C + AB\,\overline{C} + A\,\overline{B}C + \overline{A}BC + ABC。$$

【例 5】　从一批产品中每次取出一个进行检验（取出的产品不放回），A_i 表示第 i 次取到合格品（$i = 1$，2，3），试用事件的运算符号表示下列事件：

（1）三次都取到合格品；

（2）三次中至少有一次取到合格品；

（3）三次中恰有两次取到合格品；

（4）三次中至多有一次取到合格品。

解　（1）$A_1 A_2 A_3$；

（2）$A_1 + A_2 + A_3$；

（3）$A_1 A_2 \overline{A_3} + A_1 \overline{A_2} A_3 + \overline{A_1} A_2 A_3$；

（4）$\overline{A_1}\,\overline{A_2} + \overline{A_1}\,\overline{A_3} + \overline{A_2}\,\overline{A_3}$

或

$$\overline{A_1}\,\overline{A_2}\,\overline{A_3} + \overline{A_1}\,\overline{A_2}A_3 + \overline{A_1}A_2\overline{A_3} + A_1\overline{A_2}\,\overline{A_3}$$

或

$$\overline{A_1 A_2 + A_1 A_3 + A_2 A_3}。$$

1.4　频率与概率

1.4.1　频率的定义和性质

定义 1.3　设 A 为一事件，在相同条件下，把相应的试验进行 n 次，设 A

发生了 n_A 次，则称 $f_n(A) = \dfrac{n_A}{n}$ 为事件 A 发生的**频率**。

频率的性质：

（1） $0 \leqslant f_n(A) \leqslant 1$；

（2） $f_n(S) = 1$；

（3） 若 A_1，A_2，$\cdots$，A_k 两两互斥，则 $f_n(A_1 + A_2 + \cdots + A_k) = f_n(A_1) + f_n(A_2) + \cdots + f_n(A_k)$。

1.4.2 概率的定义和性质

定义 1.4　设 E 是随机试验，S 是它的样本空间，对于 E 的每个事件 A 赋予一个实数，记为 $P(A)$，称为事件 A 的**概率**，如果集合函数 $P(\cdot)$ 满足下列条件：

（1） 对每个事件 A，$P(A) \geqslant 0$；

（2） 对于必然事件 S，$P(S) = 1$；

（3） 设 A_1，A_2，$\cdots$ 两两互斥，则 $P(A_1 + A_2 + \cdots) = \sum\limits_{i=1}^{\infty} P(A_i)$　（可列可加性）。

概率的性质：

（ⅰ） $P(\varnothing) = 0$。

（ⅱ） 若 A_1，A_2，$\cdots$，A_n 两两互斥，则 $P(A_1 + A_2 + \cdots + A_n) = P(A_1) + P(A_2) + \cdots + P(A_n)$。

（ⅲ） $A \subset B \Rightarrow P(B - A) = P(B) - P(A)$，
$$P(A) \leqslant P(B)。$$

一般地，$P(B - A) = P(B) - P(AB)$。

（ⅳ） $P(A) \leqslant 1$。

（ⅴ） $P(\overline{A}) = 1 - P(A)$。

（ⅵ） $P(A + B) = P(A) + P(B) - P(AB)$。

（ⅶ） $P(A_1 + A_2 + A_3) = P(A_1) + P(A_2) + P(A_3) - P(A_1 A_2) - P(A_2 A_3) - P(A_1 A_3) + P(A_1 A_2 A_3)$。

【例1】　求证：$P[(A \cap \overline{B}) \cup (\overline{A} \cap B)] = P(A) + P(B) - 2P(AB)$。

证明　$P[(A \cap \overline{B}) \cup (\overline{A} \cap B)] = P[(A \cup B) - AB] = P(A \cup B) - P(AB)$
$$= [P(A) + P(B) - P(AB)] - P(AB) = P(A) + P(B) - 2P(AB)。$$

【例2】　求证：$P(AB) \geqslant 1 - P(\overline{A}) - P(\overline{B})$

证明　$P(AB) = 1 - P(\overline{AB}) = 1 - P(\overline{A} \cup \overline{B}) = 1 - [P(\overline{A}) + P(\overline{B}) - P(\overline{A}\,\overline{B})]$

$$= 1 - P(\overline{A}) - P(\overline{B}) + P(\overline{A}\,\overline{B}) \geqslant 1 - P(\overline{A}) - P(\overline{B})。$$

1.5　等可能概型（古典概型）

考察掷骰子试验：

满足下列条件的概率模型称为**古典概型**：

（1）其样本空间的元素只有有限多个；

（2）每个基本事件发生的可能性相同。

对于古典概型，设 $S = \{e_1, e_2, \cdots, e_n\}$，由假设有

$$P(\{e_1\}) = P(\{e_2\}) = \cdots = P(\{e_n\}),$$

又

$$1 = P(S) = P(\{e_1\}) + P(\{e_2\}) + \cdots + P(\{e_n\}),$$

所以

$$P(\{e_1\}) = P(\{e_2\}) = \cdots = P(\{e_n\}) = \frac{1}{n},$$

于是得

$$P(A) = \frac{A \text{中包含的基本事件数}}{S \text{中基本事件总数}} = \frac{m}{n}。$$

【例1】　一口袋中有 10 个小球，其中有 4 个红球，6 个白球，现在按放回抽样与不放回抽样两种方式连续从袋中取 3 个球，求下列事件的概率：

事件 A 为 "3 个球都是白球"；事件 B 为 "2 个红球、1 个白球"。

解　（1）放回抽样：S 中样本点总数为 $n = 10^3$，A 中所含样本点数为 6^3，从而

$$P(A) = \frac{6^3}{10^3} = 0.216。$$

若 B 发生，则 2 个红球的取法数为 4^2，1 个白球的取法数为 6，考虑到红球出现的次序（可占 3 个球中 2 个位置），故 B 中的样本点数为 $C_3^2 \times 4^2 \times 6$，故

$$P(B) = \frac{C_3^2 \times 4^2 \times 6}{10^3} = 0.288。$$

（2）不放回抽样

$$P(A) = \frac{C_6^3}{C_{10}^3} \approx 0.167, \quad P(B) = \frac{C_4^2 C_6^1}{C_{10}^3} = 0.3。$$

【例2】　把一颗骰子掷两次，$A = \{$第一次掷出点数不超过 $2\}$，$B = \{$第二次掷出点数 $\geqslant 5\}$，求 $P(A \cup B)$。

解　$S = \{(i,j) \mid i, j = 1,2,\cdots,6\}$，$n = 36$，

$A = \{(i,j) \mid i = 1,2; j = 1,2,\cdots,6\}$，

$B = \{(i,j) \mid i = 1,2,\cdots,6; j = 5,6\}$，

A、B 各含有 12 个样本点，$AB = \{(1,5),(1,6),(2,5),(2,6)\}$，所以

$$P(A \cup B) = P(A) + P(B) - P(AB) = \frac{12}{36} + \frac{12}{36} - \frac{4}{36} = \frac{5}{9}。$$

【例3】　在一标准英语词典中有 55 个由两个不同字母组成的单词，若从 26 个英文字母中任取两个字母予以排列，问能排成上述单词的概率是多少？

解　$P(A) = \dfrac{55}{A_{26}^2} = 0.008462$。

【例4】　一批产品共 200 件，有 6 件废品，求：

（1）这批产品的废品率；

（2）任取三件恰有一件废品的概率；

（3）任取三件全非废品的概率。

解　设 $P(A)$、$P(A_1)$、$P(A_0)$ 分别表示（1）~（3）中所要求的概率，则

（1）$P(A) = \dfrac{6}{200} = 0.03$；

（2）$P(A_1) = \dfrac{C_6^1 C_{194}^2}{C_{200}^3} \approx 0.0855$；

（3）$P(A_0) = \dfrac{C_{194}^3}{C_{200}^3} = 0.9122$。

【例5】　把 10 本书任意地放在书架上，求其中"指定的三本放在一起"（记为事件 A）的概率。

解　方法一：用全排列。

10 本书放在一起，放法总数为 $n = 10!$。而指定的三本放在一起，可以设想为两个过程：先把三本捆在一起，再与其余 7 本一起排，排法数为 8!，再把这三本进行排列，排法数为 3!。故

$$P(A) = \frac{8! \times 3!}{10!} = \frac{1}{15}。$$

方法二：用选排列。

只考虑三本书的情况，有

$$P(A) = \frac{8 \times 3!}{A_{10}^3} = \frac{1}{15}。$$

方法三：用组合。

设想把书架分成 10 个格，每格放一本书，于是指定的三本书放入 10 个格的不同放法总数（不讲三本书的顺序）为 C_{10}^3，指定的三本放在一起，则这三本的第一本只能放入前 8 个格子中的任何一个，所以有利场合数为 8，故

$$P(A) = \frac{8}{C_{10}^3} = \frac{1}{15}。$$

【例 6】 从 5 双不同的鞋子中任取 4 只，求这 4 只鞋子中至少有两只配成一双的概率。

解 用 A 表示事件"至少有两只配成一双"，则

$$P(\bar{A}) = \frac{C_5^4 \times 2^4}{C_{10}^4} = \frac{8}{21},$$

所以

$$P(A) = 1 - P(\bar{A}) = 1 - \frac{8}{21} = \frac{13}{21}。$$

1.6 条件概率

1.6.1 条件概率

【例 1】 100 件产品中有 5 件不合格品，而 5 件不合格品中又有三件是次品，两件是废品，在其中任意抽取一件。

(1) 求抽得的是废品的概率；

(2) 已知抽得的是不合格品，求它是废品的概率。

解 令 A = "抽得的是废品"，B = "抽得的是不合格品"

(1) $P(A) = \frac{2}{100} = \frac{1}{50}。$

(2) 由于已知 B 发生，求 A 的概率，将这一概率记为 $P(A|B)$，由于抽得的是不合格品，故样本点总数为 5，从而

$$P(A|B) = \frac{2}{5}。$$

另外，$P(AB) = \frac{2}{100}$，$\dfrac{P(AB)}{P(B)} = \dfrac{\frac{2}{100}}{\frac{5}{100}} = \frac{2}{5}$，

从而

$$P(A \mid B) = \frac{P(AB)}{P(B)},$$

我们把此式作为条件概率定义。

定义 1.5 设 A、B 为两个事件，$P(B) > 0$，称

$$P(A \mid B) = \frac{P(AB)}{P(B)}$$

为在事件 B 发生的条件下事件 A 发生的**条件概率**。

【例2】 在市场上所供应的灯泡中，甲厂产品占 70%，乙厂产品占 30%，甲厂的合格率是 95%，乙厂的合格率是 80%，若用 A、$\bar{A}$ 分别表示任取一件为甲、乙两厂的产品，B 表示产品为合格品，试写出有关事件的概率。

解 抽出甲厂产品的概率为 $P(A) = 70\%$，抽出乙厂产品的概率为 $P(\bar{A}) = 30\%$，抽出甲厂合格品的概率为 $P(B \mid A) = 95\%$，抽出乙厂合格品的概率为 $P(B \mid \bar{A}) = 80\%$，抽出甲厂不合格品的概率为 $P(\bar{B} \mid A) = 5\%$，抽出乙厂不合格品的概率为 $P(\bar{B} \mid \bar{A}) = 20\%$。

【例3】 两颗骰子掷一次，观察出现的点数，令 $A = \{(x_1, x_2) \mid x_1 + x_2 = 10\}$，$B = \{(x_1, x_2) \mid x_1 > x_2\}$，求 $P(B \mid A)$。

解 $S = \{(1,1), \cdots, (1,6)(2,1), \cdots, (2,6), \cdots, (6,1), \cdots, (6,6)\}$，共有 36 个样本点。

$A = \{(5,5), (4,6), (6,4)\}$，共含 3 个样本点。

$B = \{(2,1), (3,1), (3,2), \cdots, (6,1), \cdots, (6,5)\}$，共含 $1 + 2 + 3 + 4 + 5 = 15$ 个样本点。

$$A \cap B = \{(6,4)\},$$

故

$$P(A) = \frac{3}{36}, \quad P(B) = \frac{15}{36}, \quad P(AB) = \frac{1}{36}, \quad P(B \mid A) = \frac{\frac{1}{36}}{\frac{3}{36}} = \frac{1}{3}$$

注：（1）从缩减的样本空间 S_A 来看，B 中只有（6，4）属于 A，故 $P(B \mid A) = \frac{1}{3}$。

（2）从图 1-6 看出，计算 $P(A \mid B)$ 时，因为已知 B 发生，故 B 所在的部分就是样本空间，而有利于 A 的就是 AB 所在的部分。

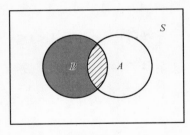

图　1-6

1.6.2　乘法定理

乘法定理：若 $P(B) > 0$，则 $P(AB) = P(B)P(A \mid B)$；

若 $P(A) > 0$，则 $P(AB) = P(A)P(B \mid A)$。

推广：若 $P(A_1 A_2 \cdots A_{N-1}) > 0$，则

$$P(A_1 A_2 \cdots A_N) = P(A_1)P(A_2 \mid A_1)P(A_3 \mid A_1 A_2) \cdots P(A_N \mid A_1 \cdots A_{N-1}),$$

这是因为

$$
\begin{aligned}
P(A_1 A_2 \cdots A_N) &= P(A_1 \cdots A_{N-1})P(A_N \mid A_1 \cdots A_{N-1}) \\
&= P(A_1 \cdots A_{N-2})P(A_{N-1} \mid A_1 \cdots A_{N-2})P(A_N \mid A_1 \cdots A_{N-1}) \\
&= \cdots = P(A_1)P(A_2 \mid A_1)P(A_3 \mid A_1 A_2) \cdots P(A_N \mid A_1 \cdots A_{N-1})。
\end{aligned}
$$

【例 4】　设 100 件产品中有 5 件是不合格品，用下列两种方法抽取两件，求两件都是合格品的概率：（1）不放回抽样；（2）放回抽样。

解　令 $A = \{$第一次取得合格品$\}$，$B = \{$第二次取得合格品$\}$。

（1）不放回抽样：$P(A) = \dfrac{95}{100}$，$P(B \mid A) = \dfrac{94}{99}$，

$$P(AB) = P(A)P(B \mid A) = \frac{95}{100} \times \frac{94}{99} = 0.9020。$$

（2）放回抽样：$P(A) = \dfrac{95}{100}$，$P(B \mid A) = \dfrac{95}{100}$，

$$P(AB) = P(A)P(B \mid A) = \frac{95}{100} \times \frac{95}{100} = 0.9025。$$

【例 5】　某人有 n 把钥匙，其中只有一把能打开他的门，他逐个地利用它们去试开（抽样是不放回的），这可能要开 1 次，2 次，$\cdots$，n 次才能把门打开，试证明这 n 种不同的结果的概率都是 $\dfrac{1}{n}$。

证明　设 $A = \{$开了 $s(1 \leqslant s \leqslant n)$ 次才把门打开$\}$，$A_i = \{$第 i 次把门打开$\}$，$i = 1$，2，$\cdots$，s，则

$$A = \overline{A_1}\,\overline{A_2}\cdots\overline{A_{s-1}}A_s,$$

而 $P(A_1) = \dfrac{1}{n}$，$P(\overline{A_1}) = 1 - \dfrac{1}{n} = \dfrac{n-1}{n}$，对于 $1 < i \leqslant s$，如果前 $i-1$ 次都未打开门，第 i 次试开时，由于已除去了 $i-1$ 把钥匙，故

$$P(A_i \mid \overline{A_1}\,\overline{A_2}\cdots\overline{A_{i-1}}) = \dfrac{1}{n-i+1},$$

$$P(\overline{A_i} \mid \overline{A_1}\,\overline{A_2}\cdots\overline{A_{i-1}}) = 1 - \dfrac{1}{n-i+1} = \dfrac{n-i}{n-i+1},$$

所以

$$\begin{aligned}
P(A) &= P(\overline{A_1}\,\overline{A_2}\cdots\overline{A_{s-1}}A_s)\\
&= P(\overline{A_1})P(\overline{A_2}\mid\overline{A_1})\cdots P(\overline{A_{s-1}}\mid\overline{A_1}\cdots\overline{A_{s-2}})P(A_s\mid\overline{A_1}\cdots\overline{A_{s-1}})\\
&= \dfrac{n-1}{n}\cdot\dfrac{n-2}{n-1}\cdot\cdots\cdot\dfrac{n-s+1}{n-s+2}\cdot\dfrac{1}{n-s+1} = \dfrac{1}{n},
\end{aligned}$$

由于 s 可取 1，2，$\cdots$，n，这就证明了这 n 种不同结果概率都是 $\dfrac{1}{n}$。

【例 6】 袋中装有大小相同的三个白球和两个黑球，甲、乙二人依次从中不放回地任取一球，用 A 表示甲取到的是黑球，用 B 表示乙取到的是黑球，求 $P(A)$ 和 $P(B)$。

解 $P(A) = \dfrac{2}{5}$，

$$P(B) = P(AB) + P(\overline{A}B) = P(A)P(B\mid A) + P(\overline{A})P(B\mid\overline{A})$$

$$= \dfrac{2}{5}\times\dfrac{1}{4} + \dfrac{3}{5}\times\dfrac{2}{4} = \dfrac{2}{5}。$$

1.6.3 全概率公式与贝叶斯公式

定义 1.6 设 S 为样本空间，B_1，B_2，$\cdots$，B_n 为一组事件。若

（ⅰ）$B_iB_j = \varnothing$，$i \neq j$，

（ⅱ）$B_1 \cup B_2 \cup \cdots \cup B_n = S$，

则称 B_1，B_2，$\cdots$，B_n 构成样本空间 S 的一个（有限）**划分**，也称 B_1，B_2，$\cdots$，B_n 构成一个**完备事件组**。

上面的例 6 是把 B 分解成 AB 与 $\overline{A}B$，再通过加法公式与乘法公式求出 $P(B)$，把它一般化即：

定理 1.2 （全概率公式） 设 A 是一个事件，B_1，B_2，$\cdots$，B_n 是 S 的一个划分，且 $P(B_i) > 0$（$i = 1$，2，$\cdots$，n），则

$$P(A) = \sum_{i=1}^{n} P(B_i)P(A\mid B_i)。$$

注：当 B_1，B_2，$\cdots$，B_n 是 S 的一个划分时，试验 E 完成后，B_1，B_2，$\cdots$，B_n 中有且仅有一个发生。

定理 1.3 （贝叶斯公式） 若 B_1，B_2，$\cdots$，B_n 是样本空间 S 的一个划分，A 是一个事件，$P(A)>0$，$P(B_i)>0$（$i=1$，2，$\cdots$，n），则

$$P(B_i\mid A) = \frac{P(B_i)P(A\mid B_i)}{\sum_{j=1}^{n} P(B_j)P(A\mid B_j)}(i=1,2,\cdots,n)。$$

【例7】 设甲、乙、丙三种规格的箱子分别有 25 只、15 只、10 只，每箱分别装有产品 100 个、50 个、10 个，不合格率分别是 1%、2%、3%，现随机地开一箱再随机地在其中取一个产品。

（1）该产品正好是不合格品的概率是多少？

（2）如果已取出的一个产品是不合格品，问该产品是从甲种箱、乙种箱、丙种箱中取出的概率分别是多少？

解 设 $A=\{$取出的是不合格品$\}$，B_1、B_2、B_3 分别表示取到甲种箱、乙种箱、丙种箱，则 B_1、B_2、B_3 构成 S 的一个划分。

（1）$P(A) = \sum_{i=1}^{3} P(B_i)P(A\mid B_i) = \frac{25}{50}\times 1\% + \frac{15}{50}\times 2\% + \frac{10}{50}\times 3\% = 1.7\%$。

（2）$P(B_1\mid A) = \frac{P(AB_1)}{P(A)} = \frac{P(A\mid B_1)P(B_1)}{P(A)} = \frac{25/50\times 1/100}{1.7\%} = \frac{5}{17}$，

同理，$P(B_2\mid A)=P(B_3\mid A)=\frac{6}{17}$。

【例8】 验收成箱包装的玻璃器皿，每箱 24 只，统计资料表明，每箱最多有 2 只残品，且含 0、1、2 只残品的箱子各占 80%、15% 和 5%。现在随意抽取一箱，再随意检查其中 4 只，若未发现残品，则通过验收，否则逐一检查并更换，试求：（1）一次通过验收的概率；（2）通过验收的箱子中确实无残品的概率。

解 令 $H_i=\{$箱中实际有 i 只残品$\}$，$A=\{$通过验收$\}$，则

$P(H_0)=0.80$，$P(H_1)=0.15$，$P(H_2)=0.05$，$P(A\mid H_0)=1$，

$$P(A\mid H_1) = \frac{C_{23}^4}{C_{24}^4} = \frac{5}{6}, P(A\mid H_2) = \frac{C_{22}^4}{C_{24}^4} = \frac{5\times 19}{6\times 20}。$$

（1）$P(A) = \sum_{i=0}^{2} P(H_i)P(A\mid H_i) = 0.80\times 1 + 0.15\times\frac{5}{6} + 0.05\times\frac{5\times 19}{6\times 20} = $

0.9648。

（2） $P(H_0 \mid A) = \dfrac{P(H_0)P(A \mid H_0)}{P(A)} = \dfrac{0.80 \times 1}{0.9648} = 0.8294$。

注：贝叶斯公式给出了已知在事件 A 发生的条件下某特殊事件（即一个"原因"）发生的概率。

1.6.4 概率树及其应用

如例7，其概率树如下：

$$P(\text{不合格品}) = \frac{25}{50} \times 1\% + \frac{15}{50} \times 2\% + \frac{10}{50} \times 3\% = 1.7\%,$$

$$P(\text{甲种箱} \mid \text{不合格品}) = \frac{P\{\text{甲种箱不合格品}\}}{P\{\text{不合格品}\}} = \frac{\dfrac{25}{50} \times 1\%}{1.7\%} = \frac{5}{17}。$$

如例8，其概率树如下：

$$P(A) = 0.8 \times 1 + 0.15 \times C_{23}^4 / C_{24}^4 + 0.05 \times C_{22}^4 / C_{24}^4 = 0.9648。$$

【例9】 在空战中，甲机先向乙机开火，击落乙机的概率是0.2，若乙机未被击落，就进行还击，击落甲机的概率是0.3，若甲机未被击落，则再进攻乙机，击落乙机的概率是0.4，求在这几个回合中：（1）甲机被击落的概率；（2）乙机被击落的概率。

解 概率树如下：

（1） $P\{\text{甲机被击落}\} = 0.8 \times 0.3 = 0.24$；

（2） $P\{\text{乙机被击落}\} = 0.2 + 0.8 \times 0.7 \times 0.4 = 0.424$。

1.7 事件的独立性 ••

【例1】 一袋中有 a 只黑球和 b 只白球,采用有放回抽样的方式摸球,求:(1) 在第一次摸到黑球的条件下,第二次摸到黑球的概率;(2) 第二次摸到黑球的概率。

解 令 $A = \{$第一次摸到黑球$\}$,$B = \{$第二次摸到黑球$\}$。

(1) $P(A) = \dfrac{a}{a+b}$,$P(AB) = \dfrac{a^2}{(a+b)^2}$,$P(B \mid A) = \dfrac{P(AB)}{P(A)} = \dfrac{a}{a+b}$。

(2) $P(AB) = \dfrac{a^2}{(a+b)^2}$,$P(\overline{A}B) = \dfrac{ab}{(a+b)^2}$,$P(B) = P(AB) + P(\overline{A}B) =$

$\dfrac{a}{a+b}$,即在本题中,$P(B \mid A) = P(B)$。

定义 1.7 设 A,B 是两个事件,如果 $P(AB) = P(A)P(B)$,则称 A、B 为**相互独立的事件**。

注:(1) 按照上面的定义,$\varnothing$ 和 S 与任何事件都独立;

(2) 在大多数情况下,我们将假设 A 与 B 是独立的,然后用 $P(A)P(B)$ 去计算 $P(AB)$,从对试验的假设条件可以说明这样做是合理的。

定理 1.4 若事件 A、B 相互独立,$P(B) > 0$,则 $P(A \mid B) = P(A)$。

定理 1.5 若事件 A、B 相互独立,则 $\overline{A}$ 与 B,A 与 $\overline{B}$,$\overline{A}$ 与 $\overline{B}$ 也分别相互独立。

【例2】 甲、乙两射手独立地射击同一目标,他们击中目标的概率分别为 0.9 和 0.8,求在一次射击中目标被击中的概率。

解 令 $A = \{$甲击中$\}$,$B = \{$乙击中$\}$,要求 $A \cup B$ 的概率。因为 A 与 B 独立,故

$$P(A \cup B) = P(A) + P(B) - P(AB) = P(A) + P(B) - P(A)P(B)$$
$$= 0.8 + 0.9 - 0.8 \times 0.9 = 0.98,$$

或

$$P(A \cup B) = 1 - P(\overline{A \cup B}) = 1 - P(\overline{A}\overline{B}) = 1 - P(\overline{A})P(\overline{B}) = 1 - 0.1 \times 0.2 = 0.98。$$

【例3】 求证:当 $0 < P(A) < 1$ 时,事件 A 与 B 相互独立的充要条件是 $P(B \mid A) = P(B \mid \overline{A})$。

证明 充分性:当 $P(B \mid A) = P(B \mid \overline{A})$ 时,因为

$$P(B) = P(AB) + P(\overline{A}B) = P(A)P(B \mid A) + P(\overline{A})P(B \mid \overline{A})$$

$$= P(B \mid A)[P(A) + P(\bar{A})] = P(B \mid A),$$

从而 A 与 B 互独立。

必要性：设 A 与 B 相互独立，则 $\bar{A}$ 也与 B 相互独立，由 $P(A) > 0$，得 $P(B \mid A) = P(B)$，由 $P(\bar{A}) > 0$，得 $P(B \mid \bar{A}) = P(B)$，从而 $P(B \mid A) = P(B \mid \bar{A})$。

注：若 $P(A) > 0$，$P(B) > 0$，则当 A、B 独立时，A、B 必不互斥，当 A、B 互斥时，A、B 必不独立。

定义 1.8 三个事件 A、B、C 称为是相互独立的，如果它们满足

$$P(AB) = P(A)P(B),$$
$$P(BC) = P(B)P(C),$$
$$P(AC) = P(A)P(C),$$
$$P(ABC) = P(A)P(B)P(C)。$$

注：(1) 只有当前三个式子都成立时，才称 A、B、C 两两独立；

(2) 由两两独立推不出相互独立。

【例 4】 设四张卡片分别标以数字 1、2、3、4，现任取一张，设事件 A 为取到 1 或 2，事件 B 为取到 1 或 3，事件 C 为取到 1 或 4，则

$$P(AB) = \frac{1}{4} = \frac{1}{2} \times \frac{1}{2} = P(A)P(B),$$
$$P(AC) = P(A)P(C), \quad P(BC) = P(B)P(C),$$

从而 A、B、C 两两独立，但事件 ABC 为取到 1，从而 $P(ABC) = \frac{1}{4}$，然而

$$P(A) = P(B) = P(C) = \frac{1}{2}，所以$$

$$P(ABC) \neq P(A)P(B)P(C),$$

即 A、B、C 不相互独立。

【例 5】 掷两枚硬币，$A = \{$第一枚掷出正面$\}$，$B = \{$第二枚掷出反面$\}$，$C = \{$两枚均为正面或反面$\}$，则

$$P(A) = P(B) = P(C) = \frac{1}{2}, \quad P(AB) = P(BC) = P(AC) = \frac{1}{4},$$

但

$$P(ABC) = 0 \neq \frac{1}{8} = P(A)P(B)P(C)。$$

例 4 和例 5 说明两两独立不能保证相互独立。

【例 6】 设 $S = \{1, 2, 3, 4\}$，$p_i = P(\{i\})$，$i = 1, 2, 3, 4$，再设

$$p_1 = \frac{\sqrt{2}}{2} - \frac{1}{4}, \quad p_2 = \frac{1}{4}, \quad p_3 = \frac{3}{4} - \frac{\sqrt{2}}{2}, \quad p_4 = \frac{1}{4}。$$

令

$$A = \{1,3\} , \quad B = \{2,3\} , \quad C = \{3,4\} ,$$

则

$$P(ABC) = P(\{3\}) = \frac{3}{4} - \frac{\sqrt{2}}{2} = \frac{1}{2}\left(1 - \frac{\sqrt{2}}{2}\right)\left(1 - \frac{\sqrt{2}}{2}\right)$$

$$= (p_1 + p_3)(p_2 + p_3)(p_3 + p_4) = P(A)P(B)P(C) ,$$

但

$$P(AB) = P(\{3\}) = \frac{3}{4} - \frac{\sqrt{2}}{2} \neq P(A)P(B) ,$$

$$P(AC) \neq P(A)P(C) ,$$

$$P(BC) \neq P(B)P(C) 。$$

注：例 4 ~ 例 6 表明，在相互独立的定义中，四个等式缺一不可。

定义 1.9　设 A_1，A_2，$\cdots$，A_n 是 n 个事件，如果对于任意 k（$1 < k \leq n$），任意 $1 \leq i_1 < i_2 < \cdots < i_k \leq n$，都有等式 $P(A_{i_1}A_{i_2}\cdots A_{i_k}) = P(A_{i_1})P(A_{i_2})\cdots P(A_{i_k})$，则称 A_1，A_2，$\cdots$，A_n 相互独立。

注：（1）这里的等式数为

$$\binom{n}{2} + \binom{n}{3} + \cdots + \binom{n}{n} = 2^n - n - 1 。$$

（2）若 A_1，A_2，$\cdots$，A_n 相互独立，则把其中一部分取对立事件，另一部分不取对立事件所得到的组亦相互独立。特别地，$\overline{A_1}$，$\overline{A_2}$，$\cdots$，$\overline{A_n}$ 也相互独立。

【例 7】　在如图 1-7 所示的电路中，1、2、3、4、5 代表继电器触点，每个继电器闭合的概率为 p，若所有继电器都在独立地工作，问在 L 和 R 两个端点之间有电流通过的概率是多少？

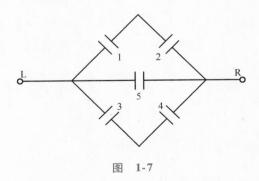

图　1-7

解　令 $A_i = \{$继电器 i 闭合$\}$（$i = 1,2,3,4,5$），用 E 表示有电流通过，则

$$E = (A_1 A_2) \cup (A_3 A_4) \cup A_5,$$

其中，A_1，A_2，$\cdots$，A_5 相互独立。

$$P(E) = P(A_1 A_2) + P(A_3 A_4) + P(A_5) -$$
$$P(A_1 A_2 A_3 A_4) - P(A_1 A_2 A_5) - P(A_3 A_4 A_5) + P(A_1 A_2 A_3 A_4 A_5)$$
$$= p^2 + p^2 + p - p^4 - p^3 - p^3 + p^5 = p + 2p^2 - 2p^3 - p^4 + p^5 。$$

【例8】 在一定条件下，每门高炮发射一发炮弹就击中敌机的概率为 0.6，现在，有若干门高炮各自独立地射击，问要以 99% 以上的概率击中敌机，至少应配备多少门高炮？

解 设至少应有 n 门高炮，A_i 表示第 i 门高炮击中，则 A_1，A_2，$\cdots$，A_n 相互独立。

$$P(击中) = P(A_1 \cup A_2 \cup \cdots \cup A_n) = 1 - P(\overline{A_1}\,\overline{A_2} \cdots \overline{A_n}) = 1 - 0.4^n，$$

令 $1 - 0.4^n \geqslant 0.99$，得 $n \geqslant 5.027$，即至少应配备 6 门高炮。

【例9】 要验收一批（100 件）乐器，验收方案如下：从乐器中随机地取三件进行测试（设三件乐器的测试是相互独立的），如果三件中至少有一件在测试中被认为音色不纯，则这批乐器就被拒绝接收。设一件音色不纯的乐器经测试查出其为不纯的概率为 0.95，而一件音色纯的乐器经测试被误认为不纯的概率为 0.01。如果已知这 100 件乐器中恰有 4 件是音色不纯的。试问这批乐器被接收的概率是多少？

解 令 $H_i = \{$所取三件乐器中恰有 i 件音色不纯$\}$（$i = 0$，1，2，3），$A = \{$这批乐器被接收$\}$。

由题设

$$P(H_0) = \frac{C_{96}^3}{C_{100}^3}, \quad P(H_1) = \frac{C_4^1 C_{96}^2}{C_{100}^3}, \quad P(H_2) = \frac{C_4^2 C_{96}^1}{C_{100}^3}, \quad P(H_3) = \frac{C_4^3}{C_{100}^3},$$

$$P(A \mid H_0) = 0.99^3, \quad P(A \mid H_1) = 0.99^2 \times 0.05,$$
$$P(A \mid H_2) = 0.99 \times 0.05^2, \quad P(A \mid H_3) = 0.05^3,$$

所以

$$P(A) = \sum_{i=0}^3 P(H_i) P(A \mid H_i) = \frac{C_{96}^3}{C_{100}^3} \times 0.99^3 + \frac{C_4^1 C_{96}^2}{C_{100}^3} \times 0.99^2 \times 0.05 +$$

$$\frac{C_4^2 C_{96}^1}{C_{100}^3} \times 0.99 \times 0.05^2 + \frac{C_4^3}{C_{100}^3} \times 0.05^3$$

$$= 0.8574 + 0.0055 + 0 + 0$$

$$= 0.8629 。$$

第1章习题

1. 判断下列关于集合的说法是否正确

（1）$\{1\} \subset \{(1,2)\}$

（2）$\varnothing$ 没有子集

（3）$\bar{A} \cap A = \varnothing$

（4）$\{(a,b)\} = \{(b,a)\}$

2. 判断下列各题中的集合 M 与 P 是否相同

（1）$M = \{x \in \mathbf{R} \mid x + 0.01 = 0\}$，$P = \{x \mid x = 0\}$

（2）$M = \{(x,y) \mid y = x+1, x \in \mathbf{R}\}$，$P = \{(x,y) \mid x = y+1, x \in \mathbf{R}\}$

（3）$M = \{y \mid y = \frac{1}{2}t + 1, t \in \mathbf{R}\}$，$P = \{t \mid t = 2(y-1)+1, y \in \mathbf{R}\}$

（4）$M = \{x \mid x = 2k, k \in \mathbf{Z}\}$，$P = \{x \mid x = 4k+2, k \in \mathbf{Z}\}$

3. 邮政大厅有 4 个邮筒，现将 3 封信逐一投入邮筒，求共有多少种投法？

4. 将一枚均匀的硬币抛两次，事件 A，B，C 分别表示"第一次出现正面"，"两次出现同一面"，"至少有一次出现正面"。试写出样本空间及事件 A，B，C 中的样本点。

5. 口袋里装有若干个黑球和若干个白球，每次任取 1 个球，共抽取两次，设事件 A 表示第一次取到黑球，事件 B 表示第二次取到黑球，问：

（1）和事件 $A+B$ 表示什么？

（2）积事件 $A\bar{B}$ 表示什么？

（3）第一次取到白球且第二次取到黑球应如何表示？

（4）两次取到球的颜色不一致应如何表示？

6. 写出下列随机试验的样本空间。

（1）同时抛两枚硬币，观察朝上正反面情况；

（2）同时掷两颗骰子，观察两颗骰子出现的点数之和；

（3）生产产品直到得到 10 件正品为止，记录生产产品的总件数；

（4）在某十字路口，一小时内通过的机动车辆数；

（5）某城市一天的用电量。

7. 掷一颗骰子的实验，观察其出现的点数，事件 $A=$"偶数点"，$B=$"奇数点"，$C=$"点数小于5"，$D=$"点数小于5的偶数"。讨论上述事件的关系。

8. 向指定目标射三枪，观察射中目标的情况，用 A_i 表示事件"第 i 枪击中目标"，$i = 1$，2，3，用 A_i 表示下列各事件：（1）只击中第一枪；（2）只击中一枪；（3）三枪都没击中；（4）至少击中一枪；（5）至少击中两枪。

9. 设 A，B，C 是三个随机事件，证明 $P(ABC) \geqslant P(A) + P(B) + P(C) - 2$

10. 设 $P(AB) = P(\overline{A}\,\overline{B})$，且 $P(A) = p$，求：$P(B)$。

11. 设 A，B，C 是三个随机事件，且 $P(A) = 0.3$，$P(B) = 0.4$，$P(C) = 0.6$，$P(AC) = P(BC) = P(AB) = 0.25$，$P(ABC) = 0.2$，试求下列各事件的概率：

（1）D_1：三个事件中至少有一个发生；

（2）D_2：三个事件中至少有两个发生。

12. 设 A，B 为随机事件，且 $P(A) = 0.7$，$P(A - B) = 0.3$，求 $P(\overline{AB})$。

13. 某门课只有通过口试及笔试两种考试方式，方可结业。某学生通过口试概率为 80%，通过笔试的概率为 65%，至少通过两者之一的概率为 75%，问该学生这门课结业的可能性有多大？

14. 某工厂生产过程中每批出现次品的概率为 0.05，每 100 个产品为一批。检查产品质量时，在每一批任取一半来检查，如果发现次品不多于一个，则这批产品可以认为是合格的，求一批产品被认为是合格的概率 P。

15. 在 1-9 的整数中可重复的随机取 6 个数组成 6 位数，求下列事件的概率：

（1）6 个数完全不同；

（2）6 个数不含奇数；

（3）6 个数中 5 恰好出现 4 次。

16. 口袋里装有 4 个黑球与 3 个白球，任取 3 个球，求：

（1）其中恰好有 1 个黑球的概率；

（2）其中至少有 2 个黑球的概率。

17. 将 3 个球随机放入 4 个杯子中去，求杯子中球的最大个数分别为 1，2，3 的概率。

18. 掷一颗质地均匀的骰子，试求：

（1）掷出的点数小于 6 的概率是多少？

（2）已知掷出的是偶数点，问掷出的点数小于 6 的概率是多少？

19. 设某种动物由出生活到 20 岁的概率为 0.8，活到 25 岁的概率为 0.4，求现龄为 20 岁的这种动物活到 25 岁的概率。

20. 一批零件共 100 个，次品率为 10%，从中不放回取三次（每次取一个）。求第三次才取得正品的概率。

21. 假定 10 个不同规格的零件中混入了 3 个次品，先进行逐个检查，求查完 9 个零件时正好查出 3 个次品的概率。

22. 设某工厂有三个车间生产同一螺丝，各个车间的产量依次分别占总产量的 25%，35%，40%，各个车间成品中次品的百分比分别为 5%，4%，2%，出厂时，三车间的产品完全混合。现从中任取一产品，求该产品是次品的概率。

23. 假设一项血液化验用于诊断某种疾病，95% 的患者反应呈阳性，但是 1% 的健康人也呈阳性。统计资料表明，这种疾病的患者在人口中的比例为 0.2%。试求这种血液化验呈阳性反应的人实际上并没有患这种疾病的概率。

24. 对以往数据分析结果表明，当机器调整得良好时，产品的合格率为 90%，而机器发生某一故障时，产品的合格率为 30%。每天早上机器开动时，机器调整良好的概率为 75%。已知某日早上第一件产品是合格产品，试求：机器调整得好的概率。

25. 设 A 与 B 相互独立，$P(A) = 0.2$，$P(B) = 0.6$，求 $P(A \mid B)$。

26. 口袋有 4 只球，其中 1 只是红球，1 只是白球，1 只是黑球，另外 1 只球在球面的 3 个不同部分分别涂上红色、白色与黑色。从口袋中随机取 1 只球。设事件 A 表示"摸到的球涂有红色"，B 表示"摸到的球涂有白色"，C 表示"摸到的球涂有黑色"。问 A，B，C 是否相互独立。

27. 已知每个人的血清中含有肝炎病毒的概率为 0.4%，且他们是否含有肝炎病毒是相互独立的。今混合 100 个人的血清。试求混合后的血清中含有肝炎病毒的概率。

28. 设两两相互独立的三事件 A，B，C 满条件

$$ABC = \varnothing, P(A) = P(B) = P(C) < \frac{1}{2}$$

且已知 $P(A \cup B \cup C) = \dfrac{9}{16}$，求 $P(A)$。

第 2 章

随 机 变 量

2.1 随机变量的定义

在上一章中，我们介绍了随机事件和事件发生的概率，为了进一步研究随机现象，我们将引入随机变量这一概念。

【例1】 假如我们将一枚质地均匀的硬币抛掷三次，那么正面朝上的次数可能是零次，也可能是一次、两次或者三次。如果我们以 Y 来记三次抛掷结果中"正面朝上的次数"，那么 Y 可能等于 0，也可能等于 1，2 或 3。因此，正面朝上的次数 Y 是个变量，它的取值随着试验结果的变化而变化，由于抛掷硬币的结果是随机的，所以 Y 的取值也是随机的，这就是随机变量。

下面给出随机变量的定义。

定义 2.1 将随机试验的每一个可能结果 ω 都唯一地对应到一个实数值 $X(\omega)$，则称实值变量 $X(\omega)$ 为一个**随机变量**，简记为 X。

通常，随机变量用大写字母 X，Y，Z 等来表示，也可以用希腊字母 ξ，η，ζ 等来表示。

例1中的 Y 是一随机变量，可能的取值是 0，1，2 或者 3。若以 H 表示正面朝上，T 表示反面朝上，则利用第 1 章中的知识，我们可以得到

$$P\{Y=0\} = P\{(T,T,T)\} = \frac{1}{8},$$

$$P\{Y=1\} = P\{(T,T,H),(T,H,T),(H,T,T)\} = \frac{3}{8},$$

$$P\{Y=2\} = P\{(T,H,H),(H,T,H),(H,H,T)\} = \frac{3}{8},$$

$$P\{Y=3\} = P\{(H,H,H)\} = \frac{1}{8}。$$

这里的 $\{Y=0\}$，$\{Y=1\}$，$\{Y=2\}$，$\{Y=3\}$ 就是上一章中介绍过的随机事件。

【例2】　设某射手每次射击打中目标的概率是 0.8，现在连续射击 30 次，则"击中目标的次数" X 是一个随机变量。若有 0 次击中目标，则 $X=0$；若有 1 次击中目标，则 $X=1$；…；若有 30 次击中目标，则 $X=30$。可见，X 的可能取值是 0，1，2，…，30，共 31 个实数值。其中，$\{X=0\}$，$\{X=1\}$，…，$\{X=30\}$ 都是随机事件不难算出，

$$P\{X=k\}=0.8^k(1-0.8)^{30-k}=0.8^k 0.2^{30-k}\ (k=0,1,2,\cdots,30)。$$

【例3】　设某射手每次射击打中目标的概率是 0.8，现在连续向一个目标射击，直到击中目标为止，则所需的"射击次数" Y 是一个随机变量。Y 可能等于 1，也可能等于 2，3，4，…。如果一直射不中目标，则要不断地射击，所以 Y 的可能取值是所有正整数。

【例4】　某公交车站每隔 5min 就会有一辆开往火车站的公交车通过，若一位想去往火车站的乘客到达公交车站的时间是随机的，则他的"候车时间" X 是一个随机变量。由此可知，候车时间的范围是 $0 \leqslant X < 5$，而 $\{X>2\}$ 和 $\{X \leqslant 3\}$ 都是随机事件。

在上述例1~例3中，各随机变量所有可能的取值都是离散的，可以一一列举，是**离散型随机变量**；而在例4中，候车时间 X 的可能值不一定是整数，也不能一一地列举出来，它的所有可能取值是连续的区间，故而例4中的变量是**连续型随机变量**。

2.2　离散型随机变量 ••••••••••••••••••••••••••••••••••••

2.2.1　离散型随机变量的概率分布

离散型随机变量的所有可能取值为有限个，或是可以一一列举的一列无穷多个（可列个）值，对这样的随机变量，我们不仅关心它的取值，还关心它取每一个值的概率。比如，在上一节的例1中，三次抛掷均匀硬币试验中正面朝上的次数 Y 是一个随机变量，我们不仅想知道 Y 的可能取值是 0，1，2 或 3，还想知道 $\{Y=0\}$，$\{Y=1\}$，$\{Y=2\}$，$\{Y=3\}$ 各个结果出现的概率是多少。当然，上一节我们已经得到了 $P\{Y=0\}=\dfrac{1}{8}$，$P\{Y=1\}=\dfrac{3}{8}$，$P\{Y=2\}=\dfrac{3}{8}$，$P\{Y=3\}=\dfrac{1}{8}$ 的结论。一般地，我们有如下定义：

定义 2.2　设离散型随机变量 X 所有可能取到的值是 x_1，x_2，$\cdots$，x_k，$\cdots$，记事件 $\{X = x_k\}$ 的概率为 $P\{X = x_k\} = p_k$（$k = 1$，2，$\cdots$），则称 $P\{X = x_k\} = p_k$ 为离散型随机变量 X 的**概率分布**，也称为**分布律**。

将离散型随机变量 X 的所有可能取值与相应的概率列成下表：

X	x_1	x_2	$\cdots$	x_k	$\cdots$
p_k	p_1	p_2	$\cdots$	p_k	$\cdots$

这就是随机变量 X 的概率分布表或分布律列表。

概率分布中的概率值 p_k 满足：

（1）$p_k \geq 0$，$k = 1$，2，$\cdots$；

（2）$\sum_k p_k = 1$。

例如，在上一节的例 1 中，随机变量 Y（三次抛掷均匀硬币试验中正面朝上的次数）的概率分布为

X	0	1	2	3
p_k	$\dfrac{1}{8}$	$\dfrac{3}{8}$	$\dfrac{3}{8}$	$\dfrac{1}{8}$

表中的概率 p_k 满足：

（1）$p_k \geq 0$，$k = 0$，1，2，3；

（2）$\sum_{k=0}^{3} p_k = \dfrac{1}{8} + \dfrac{3}{8} + \dfrac{3}{8} + \dfrac{1}{8} = 1$。

2.2.2　几种常见的离散型概率分布

1.（0-1）分布

【例 1】　设 100 张彩票中有 5 张能中奖，现从中随机抽取一张，则能中奖的概率为 0.05，不能中奖的概率为 0.95。若中奖，则记随机变量 $X = 1$；若不中奖，则记 $X = 0$。显然，$P\{X = 1\} = 0.05$，$P\{X = 0\} = 0.95$。

此例中的随机变量 X 只可能取 0 或 1 两个值，我们说它服从（0-1）分布。一般地，（0-1）分布的概率分布为 $P\{X = 1\} = p$，$P\{X = 0\} = 1 - p$，其中，$0 < p < 1$。

（0-1）分布虽然简单，但却很有用。当随机试验只有两个可能的结果时，常常可以用（0-1）分布的随机变量来描述。比如，产品质量检验中的正品与次品，抽奖结果的中奖与不中奖，射击结果的击中与未击中，等等。

2. 二项分布

【例 2】　设某射手每次射击打中目标的概率是 0.8，现在他连续射击三次，则击中目标的次数 X 是个随机变量，且 X 的可能取值为 0，1，2，3。现考虑他恰好有两次击中目标，即 $\{X = 2\}$ 的概率。

分析　该射手在三次射击中恰好有两次击中目标，那么他可能是第一次和第二次击中，第三次没击中；也可能是第一次和第三次击中目标，第二次没击中；还可能是第一次没击中，而第二次和第三次击中目标。总之，他在三次射击当中有两次击中目标，一次没击中。由此可知 $P\{X = 2\} = C_3^2 \times 0.8^2 \times 0.2 = C_3^2 0.8^2 (1 - 0.8)^{3-2}$。类似可得

$$P\{X = 0\} = (1 - 0.8)^3 = C_3^0 \times 0.8^0 \times (1 - 0.8)^{3-0},$$
$$P\{X = 1\} = C_3^1 \times 0.8 \times (1 - 0.8)^2 = C_3^1 \times 0.8^1 \times (1 - 0.8)^{3-1},$$
$$P\{X = 3\} = 0.8^3 = C_3^3 \times 0.8^3 \times (1 - 0.8)^{3-3}。$$

一般地，如果随机变量 X 的概率分布如下

$$P\{X = k\} = C_n^k p^k q^{n-k}, \quad k = 0, 1, \cdots, n, \quad (0 < p < 1, \ q = 1 - p),$$

则称 X 服从参数为 n 和 p 的二项分布（Binomial Distribution），记为 $X \sim B(n, p)$。

显然，$P\{X = k\} = C_n^k p^k q^{n-k} \geqslant 0$，且利用二项式定理，不难证明

$$\sum_{k=0}^{n} p_k = \sum_{k=0}^{n} C_n^k p^k q^{n-k} = (p + q)^n = 1。$$

二项分布的应用背景：若每次试验中，事件 A 发生的概率是 p，那么独立重复进行 n 次这样的试验，事件 A 发生的次数 X 是一个随机变量，X 服从参数为 n 和 p 的二项分布。

3. 泊松（Poisson）分布

【例 3】　放射性物质在某段时间内放射出的粒子数是随机变量。卢瑟福（Rutherford）和盖革（Geiger）曾观察了放射性物质在一段时间内放射出的 α 粒子的个数 X，一共做了 2608 次观察，每次观察时间是 7.5s，总共观察到 10094 个 α 粒子，结果如下表所示：

放射粒子数 $X = k$	观察到的次数 ξ_k	频率 ξ_k / N	按 $\dfrac{\lambda^k}{k!} e^{-\lambda}$ 计算的概率
0	57	0.022	0.021
1	203	0.078	0.081
2	383	0.147	0.156
3	525	0.201	0.201
4	532	0.204	0.195
5	408	0.156	0.151

（续）

放射粒子数 $X=k$	观察到的次数 ξ_k	频率 ξ_k/N	按 $\dfrac{\lambda^k}{k!}e^{-\lambda}$ 计算的概率
6	273	0.105	0.097
7	139	0.053	0.054
8	45	0.017	0.026
9	27	0.010	0.011
≥10	16	0.006	0.007
合计	2608	0.999	1.000

注：表中 $\lambda = \dfrac{10094}{2608} \approx 3.87$，$N=2608$。

由表中数据可以看出，放射粒子数 $X=k$ 出现的频率与按 $\dfrac{\lambda^k}{k!}e^{-\lambda}$ 计算的概率值很接近，这实际上意味着放射性物质在一段时间内放射出的 α 粒子的个数 X 近似服从泊松分布。通常，设常数 $\lambda > 0$，如果随机变量 X 的概率分布为

$$P\{X=k\} = \frac{\lambda^k}{k!}e^{-\lambda} \quad (k=0,1,2,\cdots)$$

则称 X 服从参数为 λ 的泊松分布（Poisson Distribution），记 $X \sim P(\lambda)$ 或 $X \sim \pi(\lambda)$。

泊松分布在排队论、生物学、医学，以及服务行业等领域有着广泛的应用。

【例4】 由某商店过去的销售记录知道，某种商品每月的销售量可以用参数 $\lambda = 5$ 的泊松分布来描述。

（1）求该商店的这种商品月销量是两件的概率；

（2）求这种商品月销量不多于一件的概率；

（3）求这种商品月销量多于一件的概率。

解 设该商店的这种商品月销量为 X，可知 $X \sim P(5)$。

（1）$P\{X=2\} = \dfrac{\lambda^2 e^{-\lambda}}{2!} = \dfrac{5^2 e^{-5}}{2!} \approx 0.0842$；

（2）$P\{X \leqslant 1\} = P\{X=0\} + P\{X=1\} = \dfrac{5^0 e^{-5}}{0!} + \dfrac{5^1 e^{-5}}{1!}$

$\approx 0.0067 + 0.0337 = 0.0404$；

（3）$P\{X > 1\} = 1 - P\{X=0\} - P\{X=1\} = 1 - \dfrac{5^0 e^{-5}}{0!} + \dfrac{5^1 e^{-5}}{1!} \approx 0.9596$。

2.3　连续型随机变量 ••••••••••••••••••••••••••••••••••••••

在本章 2.1 节的例 4 中，乘客的候车时间 X 是随机变量，它的取值是实数轴上的一个区间，而不是可以一一列举的实数值，这样的随机变量其取值充满一个区间甚至是整个实数轴，它们不再是离散型的随机变量。

2.3.1　连续型随机变量的概率密度函数

定义 2.3　　对于随机变量 X，如果存在定义在 $(-\infty,+\infty)$ 上的非负可积函数 $f(x)$，使得对实数轴上的任何集合 B，都有

$$P\{X \in B\} = \int_B f(x)\,\mathrm{d}x,$$

则称 X 为**连续型随机变量**，称 $f(x)$ 为 X 的**概率密度函数**。

不难看出，若 X 为连续型随机变量，则对任何实数 a、b $(a<b)$，都有

$$P\{a < X < b\} = P\{a < X \leqslant b\} = P\{a \leqslant X < b\}$$

$$= P\{a \leqslant X \leqslant b\} = \int_a^b f(x)\,\mathrm{d}x \text{。}$$

特别地，如果令上式中实数 $a = b$，则有 $P\{X = a\} = \int_a^a f(x)\,\mathrm{d}x = 0$。

此外，由于随机变量 X 的取值一定是实数值，故而有

$$1 = P\{X \in (-\infty,+\infty)\} = \int_{-\infty}^{+\infty} f(x)\,\mathrm{d}x,$$

因此，概率密度函数 $f(x)$ 满足如下两条基本性质：

（1）$f(x) \geqslant 0$；

（2）$\int_{-\infty}^{+\infty} f(x)\,\mathrm{d}x = 1$。

【例 1】　设连续型随机变量 X 的概率密度函数为

$$f(x) = \begin{cases} C(4x - 2x^2), & 0 < x < 2, \\ 0, & \text{其他}。 \end{cases}$$

（1）求 C 的值；（2）计算概率 $P\{X > 1\}$。

解　（1）由于 $f(x)$ 是概率密度函数，满足 $\int_{-\infty}^{+\infty} f(x)\,\mathrm{d}x = 1$，故而

$$\int_0^2 C(4x - 2x^2)\,\mathrm{d}x = C\int_0^2 (4x - 2x^2)\,\mathrm{d}x = 1,$$

由 $C\left(2x^2 - \dfrac{2x^3}{3}\right)\Big|_0^2 = C\left(8 - \dfrac{16}{3}\right) = 1$，可得 $C = \dfrac{3}{8}$。

（2）$P\{X > 1\} = \int_1^{+\infty} f(x)\,\mathrm{d}x = \int_1^2 \frac{3}{8}(4x - 2x^2)\,\mathrm{d}x = \frac{1}{2}$。

【例2】 设某电子元件的寿命 X（单位：h）是连续型随机变量，其概率密度函数为

$$f(x) = \begin{cases} \lambda\mathrm{e}^{-x/100}, & x \geqslant 0, \\ 0, & x < 0。 \end{cases}$$

试求：（1）该电子元件寿命在 50h ~ 150h 之间的概率；

（2）该电子元件的寿命小于 100h 的概率。

解 （1）由于 $f(x)$ 是概率密度函数，利用

$$1 = \int_{-\infty}^{+\infty} f(x)\,\mathrm{d}x = \int_0^{+\infty} \lambda\mathrm{e}^{-x/100}\,\mathrm{d}x = -\lambda \cdot 100 \cdot \mathrm{e}^{-x/100}\,\Big|_0^{+\infty} = 100\lambda,$$

可得 $\lambda = \dfrac{1}{100}$，所以，

$$P\{50 < X < 150\} = \int_{50}^{150} \frac{1}{100}\mathrm{e}^{-x/100}\,\mathrm{d}x = -\mathrm{e}^{-x/100}\,\Big|_{50}^{150} = \mathrm{e}^{-1/2} - \mathrm{e}^{-3/2} \approx 0.384。$$

（2）$P\{X < 100\} = \int_0^{100} \dfrac{1}{100}\mathrm{e}^{-x/100}\,\mathrm{d}x = -\mathrm{e}^{-x/100}\,\Big|_0^{100} = 1 - \mathrm{e}^{-1} \approx 0.633。$

2.3.2 几种常见的连续型概率分布

1. 均匀分布

如果连续型随机变量 X 的概率密度函数为

$$f(x) = \begin{cases} \dfrac{1}{b-a}, & a < x < b, \\ 0, & \text{其他}, \end{cases}$$

则称 X 服从区间 (a, b) 上的**均匀分布**（Uniform Distribution），记为 $X \sim U(a, b)$。

易见，$f(x) \geqslant 0$，且 $\int_{-\infty}^{+\infty} f(x)\,\mathrm{d}x = \int_a^b \dfrac{1}{b-a}\mathrm{d}x = 1$。

若随机变量 X 服从区间 (a, b) 上的均匀分布，设区间 $(c, d) \subset (a, b)$，则有

$$P(c < X < d) = \int_c^d f(x)\,\mathrm{d}x = \int_c^d \frac{1}{b-a}\mathrm{d}x = \frac{d-c}{b-a},$$

上式表明，X 落在区间 (a, b) 的任何子区间上的概率与该子区间的长度成正比，而与子区间的位置无关。

在本章 2.1 节的例 4 中，由于乘客到达公交车站的时间是随机的，所以可以认为候车时间 X 服从区间 $(0, 5)$ 上的均匀分布。此外，在数值计算中，由

于四舍五入，小数点后第一位小数所引起的误差 X，一般可以看作是一个在区间 $[-0.5, 0.5]$ 上服从均匀分布的随机变量；又如在区间 (a, b) 中随机投掷质点，则该质点的坐标 X 一般也可以看作是一个在 (a, b) 上的服从均匀分布的随机变量。

2. 指数分布

若连续型随机变量 X 的概率密度函数为

$$f(x) = \begin{cases} \lambda e^{-\lambda x}, & x \geqslant 0 \\ 0, & x < 0 \end{cases} \quad (\lambda > 0),$$

则称 X 服从参数为 λ 的**指数分布**（Exponential Distribution）。

易知，$f(x) \geqslant 0$，且 $\int_{-\infty}^{+\infty} f(x) \mathrm{d}x = \int_{0}^{+\infty} \lambda e^{-\lambda x} \mathrm{d}x = -e^{-\lambda x} \big|_{0}^{+\infty} = 1$。

指数分布常用于描述电子元件的寿命，比如，在本节例 2 中的电子元件寿命 X，它就是服从参数为 $\frac{1}{100}$ 的指数分布的随机变量。

3. 正态分布

若连续型随机变量 X 的概率密度函数为

$$f(x) = \frac{1}{\sqrt{2\pi}\sigma} e^{-\frac{(x-\mu)^2}{2\sigma^2}}, \quad (-\infty < x < +\infty)$$

其中，μ 和 $\sigma(\sigma > 0)$ 为常数，则称 X 服从参数为 μ 和 σ 的**正态分布**（Normal Distribution），记为 $X \sim N(\mu, \sigma^2)$。

显然，$f(x) \geqslant 0$，也可以验证 $\int_{-\infty}^{+\infty} f(x) \mathrm{d}x = 1$。

正态分布的概率密度函数曲线如图 2-1 所示。

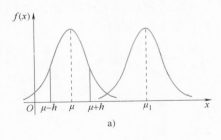 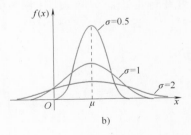

图 2-1

可见，正态分布的概率密度函数曲线具有如下特点：

（1）曲线关于 $x = \mu$ 对称。

（2）曲线在 $x = \mu$ 处取得最大值，x 离 μ 越远，$f(x)$ 值越小。这表明对于同样长度的区间，若区间离 μ 越远，则 X 落在这个区间内的概率越小（见图 2-1a）。

（3）曲线在 $\mu \pm \sigma$ 处有拐点。

（4）曲线以 x 轴为渐近线。

（5）若固定 μ，则 σ 越大时图形越平缓；反之，σ 越小时图形越尖锐。进而可知，σ 越小时 X 落在 μ 附近的概率越大（见图 2-1b）。若固定 σ，改变 μ 值，则图形沿 x 轴平移，其形状不发生改变。所以，称 σ 为**尺度参数**，μ 为**位置参数**。

若在正态分布的概率密度函数中，参数 $\mu = 0$，$\sigma = 1$，则称 X 服从**标准正态分布**，记为 $X \sim N(0，1)$。习惯上记**标准正态分布的概率密度函数**为

$$\varphi(x) = \frac{1}{\sqrt{2\pi}} e^{-\frac{x^2}{2}} \quad (-\infty < x < +\infty)。$$

易见，标准正态分布的概率密度函数 $\varphi(x)$ 关于 y 轴对称。

【例 3】 设随机变量 $X \sim N(0，1)$，试计算 $P\{1 < X < 2\}$ 和 $P\{-1 \leqslant X \leqslant 1\}$。

解 利用概率密度函数计算概率，可知

$$P\{1 < X < 2\} = \int_1^2 \frac{1}{\sqrt{2\pi}} e^{-\frac{x^2}{2}} dx = \int_{-\infty}^2 \frac{1}{\sqrt{2\pi}} e^{-\frac{x^2}{2}} dx - \int_{-\infty}^1 \frac{1}{\sqrt{2\pi}} e^{-\frac{x^2}{2}} dx，$$

$$P\{-1 \leqslant X \leqslant 1\} = \int_{-1}^1 \frac{1}{\sqrt{2\pi}} e^{-\frac{x^2}{2}} dx = \int_{-\infty}^1 \frac{1}{\sqrt{2\pi}} e^{-\frac{x^2}{2}} dx - \int_{-\infty}^{-1} \frac{1}{\sqrt{2\pi}} e^{-\frac{x^2}{2}} dx。$$

显然，如果能够知道积分 $\int_{-\infty}^x \frac{1}{\sqrt{2\pi}} e^{-\frac{t^2}{2}} dt$ 的值，那么上例中的概率计算就会变得很简单。事实上，为方便计算，$\Phi(x) = \int_{-\infty}^x \frac{1}{\sqrt{2\pi}} e^{-\frac{t^2}{2}} dt$ 当 $x \geqslant 0$ 时的值已算出，列在标准正态分布表中（请见附表 2）；那么，当 $x < 0$ 时，该如何处理呢？

事实上，由于概率密度函数 $\varphi(x)$ 关于 y 轴对称，所以

$$\Phi(-x) = \int_{-\infty}^{-x} \frac{1}{\sqrt{2\pi}} e^{-\frac{t^2}{2}} dt \xlongequal{u = -t} -\int_{+\infty}^x \frac{1}{\sqrt{2\pi}} e^{-\frac{u^2}{2}} du = \int_x^{+\infty} \frac{1}{\sqrt{2\pi}} e^{-\frac{u^2}{2}} du$$

$$= \int_{-\infty}^{+\infty} \frac{1}{\sqrt{2\pi}} e^{-\frac{u^2}{2}} du - \int_{-\infty}^x \frac{1}{\sqrt{2\pi}} e^{-\frac{u^2}{2}} du = 1 - \Phi(x)，$$

因此，对于标准正态分布来讲，$\Phi(x) = \int_{-\infty}^x \frac{1}{\sqrt{2\pi}} e^{-\frac{t^2}{2}} dt$ 总是满足：

$$\Phi(-x) = 1 - \Phi(x)。$$

进一步，由本节开始处连续型随机变量概率密度函数的定义可以知道，若 $X \sim N(0，1)$，则有

$$P\{X \leqslant x\} = P\{X < x\} = \Phi(x),$$

从而
$$P\{X \geqslant x\} = P\{X > x\} = 1 - \Phi(x)。$$

故而，对于本节的例 3，查附表 2 可得

$$P\{1 < X < 2\} = \Phi(2) - \Phi(1) = 0.9772 - 0.8413 = 0.1359,$$

$$P\{-1 \leqslant X \leqslant 1\} = \Phi(1) - \Phi(-1) = \Phi(1) - [1 - \Phi(1)]$$

$$= 2\Phi(1) - 1 = 2 \times 0.8413 - 1 = 0.6826。$$

【例 4】 设随机变量 $X \sim N(\mu, \sigma^2)$，试计算：

(1) $P\{a < X < b\}$；(2) $P\{X > a\}$；(3) $P\{X < a\}$。

解 利用概率密度函数计算概率，可知

(1) $P\{a < X < b\} = \int_a^b \dfrac{1}{\sqrt{2\pi}\,\sigma} e^{-\frac{(x-\mu)^2}{2\sigma^2}} \mathrm{d}x$，令 $u = \dfrac{x - \mu}{\sigma}$，则有

$$P\{a < X < b\} = \int_{\frac{a-\mu}{\sigma}}^{\frac{b-\mu}{\sigma}} \dfrac{1}{\sqrt{2\pi}} e^{-\frac{u^2}{2}} \mathrm{d}u = \Phi\left(\dfrac{b-\mu}{\sigma}\right) - \Phi\left(\dfrac{a-\mu}{\sigma}\right)。$$

(2) $P\{X > a\} = \int_a^{+\infty} \dfrac{1}{\sqrt{2\pi}\,\sigma} e^{-\frac{(x-\mu)^2}{2\sigma^2}} \mathrm{d}x$，令 $u = \dfrac{x - \mu}{\sigma}$，则有

$$P\{X > a\} = \int_{\frac{a-\mu}{\sigma}}^{+\infty} \dfrac{1}{\sqrt{2\pi}} e^{-\frac{u^2}{2}} \mathrm{d}u = \int_{-\infty}^{+\infty} \dfrac{1}{\sqrt{2\pi}} e^{-\frac{u^2}{2}} \mathrm{d}u - \int_{-\infty}^{\frac{a-\mu}{\sigma}} \dfrac{1}{\sqrt{2\pi}} e^{-\frac{u^2}{2}} \mathrm{d}u$$

$$= 1 - \Phi\left(\dfrac{a-\mu}{\sigma}\right)。$$

(3) $P\{X < a\} = \int_{-\infty}^a \dfrac{1}{\sqrt{2\pi}\,\sigma} e^{-\frac{(x-\mu)^2}{2\sigma^2}} \mathrm{d}x = \int_{-\infty}^{\frac{a-\mu}{\sigma}} \dfrac{1}{\sqrt{2\pi}} e^{-\frac{u^2}{2}} \mathrm{d}u = \Phi\left(\dfrac{a-\mu}{\sigma}\right)。$

故而，若已知随机变量 $X \sim N(\mu, \sigma^2)$，则对任意给定的实数 a、b，查标准正态分布表（见附表 2），即可求出如下形式的概率值：

$$P\{X \leqslant a\} = P\{X < a\} = \Phi\left(\dfrac{a-\mu}{\sigma}\right);$$

$$P\{X \geqslant a\} = P\{X > a\} = 1 - \Phi\left(\dfrac{a-\mu}{\sigma}\right);$$

$$P\{a \leqslant X \leqslant b\} = P\{a < X < b\} = P\{a \leqslant X < b\} = P\{a < X \leqslant b\}$$

$$= \Phi\left(\dfrac{b-\mu}{\sigma}\right) - \Phi\left(\dfrac{a-\mu}{\sigma}\right)。$$

特别地，$P\{\mu - 3\sigma < X < \mu + 3\sigma\} = \Phi(3) - \Phi(-3) = 2\Phi(3) - 1 = 0.9974$。这说明，若随机变量 $X \sim N(\mu, \sigma^2)$，则 X 的取值以 0.9974 的概率落在区间 $(\mu - 3\sigma, \mu + 3\sigma)$ 之内，这一性质被称为正态分布的 3σ 准则。

【例 5】 设随机变量 $X \sim N(2, 0.3^2)$，求：

（1）$P\{2 < X < 2.5\}$；（2）$P\{X > 1.5\}$；（3）$P\{|X - 2| < 0.5\}$。

解　由例 4 可知，

（1）$P\{2 < X < 2.5\} = \Phi\left(\dfrac{2.5 - \mu}{\sigma}\right) - \Phi\left(\dfrac{2 - \mu}{\sigma}\right) = \Phi\left(\dfrac{2.5 - 2}{0.3}\right) - \Phi\left(\dfrac{2 - 2}{0.3}\right)$

$\qquad\qquad\qquad = \Phi(1.67) - \Phi(0) = 0.9525 - 0.5 = 0.4525$。

（2）$P\{X > 1.5\} = 1 - \Phi\left(\dfrac{1.5 - \mu}{\sigma}\right) = 1 - \Phi\left(\dfrac{1.5 - 2}{0.3}\right) = 1 - \Phi(-1.67)$

$\qquad\qquad\qquad = \Phi(1.67) = 0.9525$。

（3）$P\{|X - 2| < 0.5\} = P\{1.5 < X < 2.5\} = \Phi\left(\dfrac{2.5 - 2}{0.3}\right) - \Phi\left(\dfrac{1.5 - 2}{0.3}\right)$

$\qquad\qquad\qquad = \Phi(1.67) - \Phi(-1.67) = 2\Phi(1.67) - 1 = 0.9050$。

2.4　随机变量的分布函数 ···

从上一节例 3 至例 5 的概率计算中可以看出，$\Phi(x) = \displaystyle\int_{-\infty}^{x} \dfrac{1}{\sqrt{2\pi}} e^{-\frac{t^2}{2}} \mathrm{d}t$ 起着很重要的作用，考虑到 $\Phi(x)$ 实际上是标准正态分布随机变量 $X \leqslant x$ 的概率，不难想到，当我们关注随机变量落在某个区间上的概率时，事件 $\{X \leqslant x\}$ 发生的概率就很重要，这就是我们要引入的分布函数的概念。

2.4.1　分布函数的定义与性质

定义 2.4　设 X 是一个随机变量，x 是任意实数，称函数

$$F(x) = P\{X \leqslant x\} \quad (-\infty < x < +\infty)$$

为 X 的**分布函数**。

可见，$\Phi(x)$ 是标准正态分布 $N(0,1)$ 的分布函数。

由以上定义可知，任一随机变量（离散型的或连续型的，甚至更一般的）都有它的分布函数。分布函数 $F(x)$ 是个普通的实函数，有时也用 $F_X(x)$ 来表示随机变量 X 的分布函数。分布函数的直观意义是随机变量落在区间 $(-\infty, x]$ 上的概率。

对于任意的实数 $x_1 < x_2$，有

$$P\{x_1 < X \leqslant x_2\} = P\{X \leqslant x_2\} - P\{X \leqslant x_1\} = F(x_2) - F(x_1)。$$

分布函数具有以下几条简单性质：

（1）$0 \leqslant F(x) \leqslant 1$；

（2）$F(x)$ 单调非减，即对任意 $x_1 < x_2$，有 $F(x_1) \leqslant F(x_2)$；

（3）$\lim\limits_{x \to -\infty} F(x) = 0$，$\lim\limits_{x \to +\infty} F(x) = 1$。

2.4.2　离散型随机变量的分布函数

【例 1】　设离散型随机变量 X 的分布律为

X	-1	2	3
p_k	0.25	0.5	0.25

试求：（1）X 的分布函数；

（2）$P\{X \leqslant 0.5\}$，$P\{X > 0.5\}$，$P\{2 < X \leqslant 3.5\}$，$P\{2 \leqslant X \leqslant 3.5\}$。

解　（1）由题意，X 的取值有三个，分别是 -1，2，3。

当 $x < -1$ 时，$F(x) = P\{X \leqslant x\} = 0$；

当 $-1 \leqslant x < 2$ 时，$F(x) = P\{X \leqslant x\} = P\{X = -1\} = 0.25$；

当 $2 \leqslant x < 3$ 时，

$$F(x) = P\{X \leqslant x\} = P\{X = -1\} + P\{X = 2\} = 0.25 + 0.5 = 0.75；$$

当 $x \geqslant 3$ 时，

$$F(x) = P\{X \leqslant x\} = P\{X = -1\} + P\{X = 2\} + P\{X = 3\} = 0.25 + 0.5 + 0.25 = 1。$$

所以，X 的分布函数为

$$F(x) = \begin{cases} 0, & x < -1, \\ 0.25, & -1 \leqslant x < 2, \\ 0.75, & 2 \leqslant x < 3, \\ 1, & x \geqslant 3。 \end{cases}$$

其分布函数如图 2-2 所示。

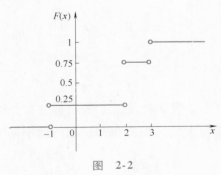

图　2-2

（2）$P\{X \leqslant 0.5\} = F(0.5) = 0.25$，

$P\{X > 0.5\} = 1 - P\{X \leqslant 0.5\} = 1 - 0.25 = 0.75$，

$$P\{2 < X \leqslant 3.5\} = F(3.5) - F(2) = 1 - 0.75 = 0.25,$$

$$P\{2 \leqslant X \leqslant 3.5\} = P\{2 < X \leqslant 3.5\} + P\{X = 2\} = F(3.5) - F(2) + 0.5 = 0.75_{\circ}$$

从上题中的分布函数 $F(x)$ 可以看出，离散型随机变量的分布函数是阶梯形的，在随机变量的取值点处有跳跃，跳跃度恰好是取相应值的概率。

2.4.3 连续型随机变量的分布函数

对于连续型随机变量 X，由分布函数 $F(x)$ 和概率密度函数 $f(x)$ 的定义，可以知道两者之间有如下关系：

$$F(x) = \int_{-\infty}^{x} f(t)\,\mathrm{d}t_{\circ}$$

利用数学分析的知识可知，连续型随机变量的分布函数是连续函数。

不难证明，在 $f(x)$ 的连续点 x 处，有 $F'(x) = \dfrac{\mathrm{d}}{\mathrm{d}x}F(x) = f(x)_{\circ}$

【例2】 设随机变量 X 服从区间 (a, b) 上的均匀分布，求 X 的分布函数。

解 由 X 服从区间 (a, b) 上的均匀分布知，X 的概率密度函数为

$$f(x) = \begin{cases} \dfrac{1}{b-a}, & a < x < b, \\ 0, & \text{其他}_{\circ} \end{cases}$$

当 $x < a$ 时，$F(x) = P\{X \leqslant x\} = \int_{-\infty}^{x} 0\,\mathrm{d}t = 0$；

当 $a \leqslant x < b$ 时，$F(x) = P\{X \leqslant x\} = \int_{-\infty}^{x} f(t)\,\mathrm{d}t = \int_{a}^{x} \dfrac{1}{b-a}\,\mathrm{d}t = \dfrac{x-a}{b-a}$；

当 $x \geqslant b$ 时，$F(x) = P\{X \leqslant x\} = \int_{-\infty}^{x} f(t)\,\mathrm{d}t = \int_{a}^{b} \dfrac{1}{b-a}\,\mathrm{d}t = 1_{\circ}$

所以，X 的分布函数为

$$F(x) = \begin{cases} 0, & x < a, \\ \dfrac{x-a}{b-a}, & a \leqslant x < b, \\ 1, & x \geqslant b_{\circ} \end{cases}$$

【例3】 设随机变量 X 服从参数为 λ 的指数分布，求 X 的分布函数。

解 由 X 服从参数为 λ 的指数分布知，它的概率密度函数为

$$f(x) = \begin{cases} \lambda \mathrm{e}^{-\lambda x}, & x \geqslant 0, \\ 0, & x < 0_{\circ} \end{cases}$$

当 $x < 0$ 时，$F(x) = P\{X \leqslant x\} = \int_{-\infty}^{x} 0\,\mathrm{d}t = 0$；

当 $x \geqslant 0$ 时，$F(x) = P\{X \leqslant x\} = \int_{-\infty}^{x} f(t)\mathrm{d}t = \int_{0}^{x} \lambda \mathrm{e}^{-\lambda t}\mathrm{d}t = (-\mathrm{e}^{-\lambda t})\big|_{0}^{x} = 1 - \mathrm{e}^{-\lambda x}$。

所以，X 的分布函数为

$$F(x) = \begin{cases} 1 - \mathrm{e}^{-\lambda x}, & x \geqslant 0, \\ 0, & x < 0。\end{cases}$$

【例 4】 设连续型随机变量 X 的分布函数为 $F(x) = \dfrac{1}{2} + \dfrac{1}{\pi}\arctan x$，试求 X 的概率密度函数。

解 由概率密度函数与分布函数关系，可得 X 的概率密度函数为

$$f(x) = F'(x) = \left(\frac{1}{2} + \frac{1}{\pi}\arctan x\right)' = \frac{1}{\pi} \cdot \frac{1}{1 + x^2}。$$

【例 5】 设连续型随机变量 X 的分布函数为

$$F(x) = \begin{cases} 0, & x < 0, \\ Ax^2, & 0 \leqslant x < 1, \\ 1 & x \geqslant 1。\end{cases}$$

试求：（1）求常数 A 的值；

（2）X 落在区间（0.3, 0.7）上的概率；

（3）X 的概率密度函数。

解 （1）由于连续型随机变量的分布函数是连续的可知，$\lim\limits_{x \to 1} F(x) = F(1)$，即 $\lim\limits_{x \to 1} Ax^2 = 1$。可得 $A = 1$。所以，X 的分布函数为

$$F(x) = \begin{cases} 0, & x < 0, \\ x^2, & 0 \leqslant x < 1, \\ 1 & x \geqslant 1。\end{cases}$$

（2）由于 X 是连续型随机变量，所以

$$P\{0.3 < X < 0.7\} = P\{0.3 < X \leqslant 0.7\} = F(0.7) - F(0.3) = 0.7^2 - 0.3^2 = 0.4。$$

（3）X 的概率密度函数为

$$f(x) = F'(x) = \begin{cases} 2x, & 0 \leqslant x < 1, \\ 0, & 其他。\end{cases}$$

2.5 随机变量函数的分布

许多实际问题需要计算随机变量的函数的分布。例如，由于测量误差的存

在导致所测得的某种零件圆形截面的直径 X 是随机变量，而我们关心的是该零件的截面面积 $S = \frac{\pi}{4}X^2$ 的分布，因此，我们就要研究如何利用 X 的分布来求得它的函数 $S = \frac{\pi}{4}X^2$ 的分布。

一般，设 $g(x)$ 是一个（分段）连续函数。所谓随机变量 X 的函数是指：当 X 取值为 x 时，另一个随机变量 Y 就取值 $y = g(x)$，对 X 的每个可能取值 x 皆是如此，则称 Y 是 X 的函数，记为 $Y = g(X)$。

2.5.1 离散型随机变量的函数的分布

【例1】 设离散型随机变量 X 的概率分布如下表：

X	-2	-1	0	1	2
p_k	0.2	0.1	0.1	0.3	0.3

试求：（1） $Y = 2X + 1$ 的概率分布；

（2） $Z = X^2 + X$ 的概率分布。

解 （1）因为 X 的取值为 -2，-1，0，1，2，所以 $Y = 2X + 1$ 的相应取值为 -3，-1，1，3，5，故 Y 取各个值的概率为

$$P\{Y = -3\} = P\{2X + 1 = -3\} = P\{X = -2\} = 0.2,$$
$$P\{Y = -1\} = P\{2X + 1 = -1\} = P\{X = -1\} = 0.1,$$
$$P\{Y = 1\} = P\{2X + 1 = 1\} = P\{X = 0\} = 0.1,$$
$$P\{Y = 3\} = P\{2X + 1 = 3\} = P\{X = 1\} = 0.3,$$
$$P\{Y = 5\} = P\{2X + 1 = 5\} = P\{X = 2\} = 0.3,$$

综上，Y 的概率分布为

Y	-3	-1	1	3	5
p_k	0.2	0.1	0.1	0.3	0.3

（2）因为 X 的取值为 -2，-1，0，1，2，所以 $Z = X^2 + X$ 的相应取值为 2，0，0，2，6，故 Z 取各个值的概率为

$$P\{Z = 2\} = P\{X^2 + X = 2\} = P\{X = -2\} + P\{X = 1\} = 0.5,$$
$$P\{Z = 0\} = P\{X^2 + X = 0\} = P\{X = -1\} + P\{X = 0\} = 0.2,$$
$$P\{Z = 6\} = P\{X^2 + X = 6\} = P\{X = 2\} = 0.3,$$

综上，Z 的概率分布为

Y	0	2	6
p_k	0.2	0.5	0.3

通过上例可以看出，对于离散型随机变量 X，若 X 的概率分布为

X	x_1	x_2	$\cdots$	x_k	$\cdots$
p_k	p_1	p_2	$\cdots$	p_k	$\cdots$

如果函数值 $g(x_k)$（$k = 1，2，\cdots$）各不相同，则函数 $Y = g(X)$ 的概率分布为

$Y = g(X)$	$g(x_1)$	$g(x_2)$	$\cdots$	$g(x_k)$	$\cdots$
p_k	p_1	p_2	$\cdots$	p_k	$\cdots$

如果 $g(x_k)$（$k = 1，2，\cdots$）中有相等的，则把相等的值分别合并，对应的概率相加。

2.5.2 连续型随机变量的函数的分布

离散型随机变量函数的概率分布很容易计算，那么如果 X 是连续型的呢？这时需要用分布函数法。

【例2】 设随机变量 $X \sim N(\mu，\sigma^2)$，求 $Y = \dfrac{X - \mu}{\sigma}$ 的概率密度函数。

解 设 Y 的分布函数为 $F_Y(y)$，于是由分布函数定义

$$F_Y(y) = P\{Y \leqslant y\} = P\left\{\frac{X - \mu}{\sigma} \leqslant y\right\}$$

$$= P\{X \leqslant \sigma y + \mu\} = F_X(\sigma y + \mu)，$$

其中 $F_X(x)$ 为 X 的分布函数。将上式对 y 求导，可得

$$f_Y(y) = f_X(\sigma y + \mu) \cdot \sigma，$$

再将 X 的概率密度函数 $f_X(x) = \dfrac{1}{\sqrt{2\pi}\sigma}\mathrm{e}^{-\frac{(x-\mu)^2}{2\sigma^2}}$ 代入，则有

$$f_Y(y) = f_X(\sigma y + \mu) \cdot \sigma = \frac{1}{\sqrt{2\pi}\sigma}\mathrm{e}^{-\frac{(\sigma y + \mu - \mu)^2}{2\sigma^2}} \cdot \sigma$$

$$= \frac{1}{\sqrt{2\pi}\sigma}\mathrm{e}^{-\frac{y^2}{2}} \cdot \sigma = \frac{1}{\sqrt{2\pi}}\mathrm{e}^{-\frac{y^2}{2}}。$$

例 2 表明，$Y = \dfrac{X-\mu}{\sigma} \sim N(0, 1)$，这里的 $\dfrac{X-\mu}{\sigma}$ 其实就是对正态分布随机变量 $X \sim N(\mu, \sigma^2)$ 的标准化变换。这个结论很重要，我们把它作为定理列在下面。

定理 2.1　若 $X \sim N(\mu, \sigma^2)$，则 $Y = \dfrac{X-\mu}{\sigma} \sim N(0, 1)$。

该定理的证明就是例 2 的解题过程，这里不再重复。利用这个定理，在进行与正态分布概率有关的计算时就很方便。

【例 3】　设随机变量 $X \sim N(\mu, \sigma^2)$，试计算：

(1) $P\{a < X < b\}$；(2) $P\{X > a\}$；(3) $P\{X < a\}$。

解　因为 $\dfrac{X-\mu}{\sigma} \sim N(0, 1)$，而 $\Phi(x)$ 是 $N(0, 1)$ 的分布函数，可得

(1) $P\{a < X < b\} = P\left\{\dfrac{a-\mu}{\sigma} < \dfrac{X-\mu}{\sigma} < \dfrac{b-\mu}{\sigma}\right\} = \Phi\left(\dfrac{b-\mu}{\sigma}\right) - \Phi\left(\dfrac{a-\mu}{\sigma}\right)$；

(2) $P\{X > a\} = P\left\{\dfrac{X-\mu}{\sigma} > \dfrac{a-\mu}{\sigma}\right\} = 1 - P\left\{\dfrac{X-\mu}{\sigma} \leqslant \dfrac{a-\mu}{\sigma}\right\} = 1 - \Phi\left(\dfrac{a-\mu}{\sigma}\right)$；

(3) $P\{X < a\} = P\left\{\dfrac{X-\mu}{\sigma} < \dfrac{a-\mu}{\sigma}\right\} = \Phi\left\{\dfrac{a-\mu}{\sigma}\right\}$。

这与本章 2.3 节例 4 中通过概率密度函数积分计算所得到的结果一致。

【例 4】　设随机变量 $X \sim U(0, 1)$，求 $Y = 2X + 1$ 的概率密度函数。

解　设 Y 的分布函数为 $F_Y(y)$，于是由分布函数定义

$$F_Y(y) = P\{Y \leqslant y\} = P\{2X + 1 \leqslant y\} = P\left\{X \leqslant \dfrac{y-1}{2}\right\} = F_X\left(\dfrac{y-1}{2}\right),$$

其中，$F_X(x)$ 为 X 的分布函数。将上式对 y 求导，可得

$$f_Y(y) = f_X\left(\dfrac{y-1}{2}\right) \cdot \dfrac{1}{2},$$

再将 X 的概率密度函数 $f_X(x) = \begin{cases} 1, & 0 < x < 1, \\ 0, & \text{其他} \end{cases}$ 代入，则有

$$f_Y(y) = f_X\left(\dfrac{y-1}{2}\right) \cdot \dfrac{1}{2} = \begin{cases} 1 \times \dfrac{1}{2}, & 0 < \dfrac{y-1}{2} < 1, \\ 0, & \text{其他} \end{cases} = \begin{cases} \dfrac{1}{2}, & 1 < y < 3, \\ 0, & \text{其他}。\end{cases}$$

可见，$Y = 2X + 1$ 服从区间 $(1, 3)$ 上的均匀分布。

【例 5】　设随机变量 $X \sim N(0, 1)$，求 $Y = X^2$ 的概率密度函数。

解　设 Y 的分布函数为 $F_Y(y)$，由分布函数定义

$$F_Y(y) = P\{Y \leqslant y\} = P\{X^2 \leqslant y\}。$$

当 $y \leqslant 0$ 时，$F_Y(y) = P\{Y \leqslant y\} = P\{X^2 \leqslant y\} = 0$；

当 $y > 0$ 时，$F_Y(y) = P\{Y \leqslant y\} = P\{X^2 \leqslant y\} = P\{-\sqrt{y} \leqslant X \leqslant \sqrt{y}\}$

$$= \Phi(\sqrt{y}) - \Phi(-\sqrt{y}) = \Phi(\sqrt{y}) - [1 - \Phi(\sqrt{y})]$$

$$= 2\Phi(\sqrt{y}) - 1。$$

于是，Y 的分布函数为

$$F_Y(y) = \begin{cases} 2\Phi(\sqrt{y}) - 1, & y > 0, \\ 0, & y \leqslant 0。 \end{cases}$$

对 y 求导，可得 Y 的概率密度函数

$$f_Y(y) = F_Y'(y) = \begin{cases} 2\varphi(\sqrt{y}) \cdot \dfrac{1}{2\sqrt{y}}, & y > 0, \\ 0, & y \leqslant 0 \end{cases} = \begin{cases} \varphi(\sqrt{y}) \cdot \dfrac{1}{\sqrt{y}}, & y > 0, \\ 0, & y \leqslant 0 \end{cases}$$

$$= \begin{cases} \dfrac{1}{\sqrt{2\pi}} e^{-\frac{y}{2}} \cdot \dfrac{1}{\sqrt{y}}, & y > 0, \\ 0, & y \leqslant 0 \end{cases} = \begin{cases} \dfrac{1}{\sqrt{2\pi y}} e^{-\frac{y}{2}}, & y > 0, \\ 0, & y \leqslant 0。 \end{cases}$$

2.6 二维随机变量

前面我们讨论了一个随机变量的分布，但是，在许多随机现象中会涉及多个随机变量，比如，发射一枚炮弹时炮弹的弹着点应该由横坐标 X 和纵坐标 Y 两个随机变量 (X, Y) 来描述；而飞机在空中的位置则需要由三个坐标 (X, Y, Z) 来确定，等等。我们称 n 个随机变量 X_1，X_2，$\cdots$，X_n 的整体 $(X_1, X_2, \cdots, X_n)$ 为 n 维随机变量。这里我们着重讨论二维随机变量。

2.6.1 二维离散型随机变量

1. 二维离散型随机变量的联合分布律

如果二维随机变量 (X, Y) 可能取的值为有限个或可列个点对，则称 (X, Y) 为**二维离散型随机变量**。

显然，如果 (X, Y) 是二维离散型的随机变量，则 X 和 Y 分别为一维离散型随机变量；反之也成立。设 X 的可能取值为 x_1，x_2，$\cdots$，x_i，$\cdots$（有限个或可列个），Y 的可能取值为 $y_1 y_2$，$\cdots y_j$，$\cdots$（有限个或可列个），则二维离散型随机变量 (X, Y) 的可能取值为 (x_i, y_j)，$i, j = 1, 2, \cdots$，我们关心的是 (X, Y) 取值为各个点对的概率

$$P\{(X,Y)=(x_i,y_j)\}=P\{X=x_i,Y=y_j\}=p_{ij},i,j=1,2,\cdots$$

这就是二维离散型随机变量（X，Y）的概率分布，也称为**联合分布律**。

二维离散型随机变量的联合分布律也可以用表格的形式表示：

X \\ Y	y_1	y_2	$\cdots$	y_j	$\cdots$
x_1	p_{11}	p_{12}	$\cdots$	p_{1j}	$\cdots$
x_2	p_{21}	p_{22}	$\cdots$	p_{2j}	$\cdots$
$\vdots$	$\vdots$	$\vdots$		$\vdots$	
x_i	p_{i1}	p_{i2}	$\cdots$	p_{ij}	$\cdots$
$\vdots$	$\vdots$	$\vdots$		$\vdots$	

联合分布律具有如下两条性质：

（1）$p_{ij}\geqslant 0(i,j=1,2,\cdots)$；

（2）$\sum\limits_i \sum\limits_j p_{ij}=1$。

【例1】　设一盒中有 3 个红色球，4 个白色球，5 个蓝色球。现从盒中随机取出 3 个球，以 X 记所取出的红球数，Y 记所取出的白球数，求（X，Y）的联合分布律。

解　X 的可能取值为 0，1，2，3，Y 的可能取值为 0，1，2，3，而考虑到所取出的球的总数为 3 个，故而（X，Y）的可能取值为（0，0），（0，1），（0，2），（0，3），（1，0），（1，1），（1，2），（2，0），（2，1），（3，0），取各个点对值的概率为

$$P\{(X,Y)=(0,0)\}=P\{X=0,Y=0\}=\frac{C_5^3}{C_{12}^3}=\frac{10}{220},$$

$$P\{(X,Y)=(0,1)\}=P\{X=0,Y=1\}=\frac{C_4^1 C_5^2}{C_{12}^3}=\frac{40}{220},$$

$$P\{(X,Y)=(0,2)\}=P\{X=0,Y=2\}=\frac{C_4^2 C_5^1}{C_{12}^3}=\frac{30}{220},$$

$$P\{(X,Y)=(0,3)\}=P\{X=0,Y=3\}=\frac{C_4^3}{C_{12}^3}=\frac{4}{220},$$

$$P\{(X,Y)=(1,0)\}=P\{X=1,Y=0\}=\frac{C_3^1 C_5^2}{C_{12}^3}=\frac{30}{220},$$

$$P\{(X,Y)=(1,1)\}=P\{X=1,Y=1\}=\frac{C_3^1 C_4^1 C_5^1}{C_{12}^3}=\frac{60}{220},$$

$$P\{(X,Y)=(1,2)\} = P\{X=1,Y=2\} = \frac{C_3^1 C_4^2}{C_{12}^3} = \frac{18}{220},$$

$$P\{(X,Y)=(2,0)\} = P\{X=2,Y=0\} = \frac{C_3^2 C_5^1}{C_{12}^3} = \frac{15}{220},$$

$$P\{(X,Y)=(2,1)\} = P\{X=2,Y=1\} = \frac{C_3^2 C_4^1}{C_{12}^3} = \frac{12}{220},$$

$$P\{(X,Y)=(3,0)\} = P\{X=3,Y=0\} = \frac{C_3^3}{C_{12}^3} = \frac{1}{220}。$$

所以，(X,Y) 的联合分布律列表为

X \ Y	0	1	2	3
0	$\frac{10}{220}$	$\frac{40}{220}$	$\frac{30}{220}$	$\frac{4}{220}$
1	$\frac{30}{220}$	$\frac{60}{220}$	$\frac{18}{220}$	0
2	$\frac{15}{220}$	$\frac{12}{220}$	0	0
3	$\frac{1}{220}$	0	0	0

显然，列表中的概率总和为 1。

【例 2】　设随机变量 X 在 1，2，3，4 这四个整数中等可能地取值，另一个随机变量 Y 在 $1 \sim X$ 中等可能地取一整数值，试求 (X,Y) 的联合分布律。

解　由题意，X 的可能取值为 1，2，3，4；Y 的取值不大于 X，利用乘法公式

$$P\{X=i,Y=j\} = P\{X=i\} \cdot P\{Y=j \mid X=i\} = \frac{1}{4} \cdot \frac{1}{i}(i=1,2,3,4;j \leqslant i),$$

所以，(X,Y) 的联合分布律为

X \ Y	1	2	3	4
1	$\frac{1}{4}$	0	0	0
2	$\frac{1}{8}$	$\frac{1}{8}$	0	0
3	$\frac{1}{12}$	$\frac{1}{12}$	$\frac{1}{12}$	0
4	$\frac{1}{16}$	$\frac{1}{16}$	$\frac{1}{16}$	$\frac{1}{16}$

【例3】 设二维离散型随机变量 (X, Y) 的联合分布律为

X \ Y	1	2	3
1	0.1	0.3	0
2	0	0	0.2
3	0.1	0.1	0
4	0	0.2	0

求：$P\{X \geq 3, Y > 1\}$ 及 $P\{Y = 1\}$。

解

$$P\{X \geq 3, Y > 1\} = P\{X = 3, Y = 2\} + P\{X = 3, Y = 3\} +$$
$$P\{X = 4, Y = 2\} + P\{X = 4, Y = 3\}$$
$$= 0.1 + 0 + 0.2 + 0 = 0.3,$$

$$P\{Y = 1\} = P\{X = 1, Y = 1\} + P\{X = 2, Y = 1\} +$$
$$P\{X = 3, Y = 1\} + P\{X = 4, Y = 1\}$$
$$= 0.1 + 0 + 0.1 + 0 = 0.2。$$

2. 边缘分布律

二维离散型随机变量 (X, Y) 作为一个整体，我们关心它的联合分布律。事实上，其中的 X 和 Y 分别作为一个随机变量，也有它们各自的分布律，这就是边缘分布律。

由例3可以看出，我们在计算 $P\{Y = 1\}$ 时，只关心 $\{Y = 1\}$，而对 X 的取值没有要求，故而把满足要求的几个概率相加，即得到 $P\{Y = 1\}$。

一般情况下，若已知 (X, Y) 的联合分布律为

$$P\{X = x_i, Y = y_j\} = p_{ij}(i, j = 1, 2, \cdots),$$

则随机变量 X 的边缘分布律为

$$P\{X = x_i\} = \sum_j p_{ij}(i = 1, 2, \cdots),$$

随机变量 Y 的边缘分布律为

$$P\{Y = y_j\} = \sum_i p_{ij}(j = 1, 2, \cdots)。$$

【例4】 已知二维离散型随机变量 (X, Y) 的联合分布律为

X \ Y	1	2	3
1	0.1	0.3	0
2	0	0	0.2
3	0.1	0.1	0
4	0	0.2	0

求 X 和 Y 的边缘分布律。

解 X 的边缘分布律为 $P\{X = x_i\} = \sum_{j=1}^{3} p_{ij}(i = 1,2,3,4)$，相当于对上述联合分布律列表中的每一行求和；$Y$ 的边缘分布律为 $P\{Y = y_j\} = \sum_{i=1}^{4} p_{ij}(j = 1, 2,3)$，相当于对联合分布律列表中的每一列求和。如下表：

X \ Y	1	2	3	$P\{X = x_i\}$
1	0.1	0.3	0	0.4
2	0	0	0.2	0.2
3	0.1	0.1	0	0.2
4	0	0.2	0	0.2
$P\{Y = y_j\}$	0.2	0.6	0.2	

可见，X 的边缘分布律为

X	1	2	3	4
p_k	0.4	0.2	0.2	0.2

Y 的边缘分布律为

Y	1	2	3
p_k	0.2	0.6	0.2

2.6.2 二维连续型随机变量

1. 二维连续型随机变量的联合概率密度函数

对于二维随机变量 (X, Y)，如果存在非负可积函数 $f(x, y)$（$-\infty < x < +\infty$，$-\infty < y < +\infty$）满足：对于平面上的任何区域 D，都有

$$P\{(X,Y) \in D\} = \iint_D f(x,y)\,dxdy,$$

则称 (X,Y) 为**二维连续型随机变量**，称 $f(x,y)$ 为 (X,Y) 的**联合概率密度函数**。

从定义可以看出，二维随机变量 (X,Y) 落在平面上任一区域 D 内的概率，就等于联合密度函数在 D 上的二重积分。

此外，联合概率密度函数具有如下性质：

（1）对于任意的 x 和 y 都有 $f(x,y) \geqslant 0$；

（2）$\int_{-\infty}^{+\infty} \int_{-\infty}^{+\infty} f(x,y)\,dxdy = 1$。

【例5】 已知二维连续型随机变量 (X,Y) 的联合概率密度函数为

$$f(x,y) = \begin{cases} Ce^{-x}e^{-2y}, & 0 < x < +\infty, 0 < y < +\infty, \\ 0, & \text{其他}。 \end{cases}$$

试求：（1）常数 C；

（2）$P\{X > 1, Y < 1\}$；

（3）$P\{X < Y\}$；

（4）$P\{X < a\}$，其中 a 为常数。

解 （1）由于 $\int_{-\infty}^{+\infty} \int_{-\infty}^{+\infty} f(x,y)\,dxdy = 1$，我们有

$$\int_{-\infty}^{+\infty} \int_{-\infty}^{+\infty} f(x,y)\,dxdy = C\int_0^{+\infty} \int_0^{+\infty} e^{-x}e^{-2y}\,dxdy$$

$$= C\int_0^{+\infty} e^{-x}\,dx \cdot \int_0^{+\infty} e^{-2y}\,dy$$

$$= C(-e^{-x})\Big|_0^{+\infty} \cdot \left(-\frac{1}{2}e^{-2y}\right)\Big|_0^{+\infty} = \frac{C}{2} = 1,$$

所以 $C = 2$。

（2）$P\{X > 1, Y < 1\} = \int_0^1 \left(\int_1^{+\infty} 2e^{-x}e^{-2y}\,dx\right)dy = \int_0^1 2e^{-2y}\left(-e^{-x}\Big|_1^{+\infty}\right)dy$

$$= e^{-1}\int_0^1 2e^{-2y}\,dy = e^{-1}(1 - e^{-2})。$$

（3）$P\{X < Y\} = \iint_{x<y} 2e^{-x}e^{-2y}\,dxdy = \int_0^{+\infty} \left(\int_0^y 2e^{-x}e^{-2y}\,dx\right)dy$

$$= \int_0^{+\infty} 2e^{-2y}\left(-e^{-x}\Big|_0^y\right)dy = \int_0^{+\infty} 2e^{-2y}(1 - e^{-y})\,dy = \frac{1}{3}。$$

（4）$P\{X < a\} = \iint_{x<a} 2e^{-x}e^{-2y}\,dxdy = \int_0^a \left(\int_0^{+\infty} 2e^{-x}e^{-2y}\,dy\right)dx$

$$= \int_0^a e^{-x} dx = 1 - e^{-a}。$$

2. 边缘概率密度函数

设（X，Y）为二维连续型随机变量，则 X 和 Y 分别为一维连续型随机变量。若已知（X，Y）的联合概率密度函数为 $f(x，y)$，那么 X 和 Y 各自的概率密度函数是怎样的呢？事实上，对于实数轴上任何一个集合 B，

$$P\{X \in B\} = P\{X \in B, Y \in (-\infty, +\infty)\}$$

$$= \int_B \left(\int_{-\infty}^{+\infty} f(x,y) dy \right) dx = \int_B f_X(x) dx,$$

因而，由定义可知，这里的

$$f_X(x) = \int_{-\infty}^{+\infty} f(x,y) dy$$

是随机变量 X 的概率密度函数，称为随机变量 X 的**边缘概率密度函数**。

类似地，

$$f_Y(y) = \int_{-\infty}^{+\infty} f(x,y) dx$$

称为随机变量 Y 的**边缘概率密度函数**。

【例6】 已知二维连续型随机变量（X，Y）的联合概率密度函数为

$$f(x,y) = \begin{cases} 2e^{-x}e^{-2y}, & 0 < x < +\infty, 0 < y < +\infty, \\ 0, & 其他。 \end{cases}$$

求 X 和 Y 的边缘概率密度函数。

解 由于 X 的边缘概率密度函数为 $f_X(x) = \int_{-\infty}^{+\infty} f(x,y) dy$。

当 $x \leq 0$ 时，

$$f_X(x) = \int_{-\infty}^{+\infty} f(x,y) dy = \int_{-\infty}^{+\infty} 0 dy = 0;$$

当 $x > 0$ 时，

$$f_X(x) = \int_{-\infty}^{+\infty} f(x,y) dy = \int_0^{+\infty} 2e^{-x}e^{-2y} dy = e^{-x}。$$

综上，X 的边缘概率密度函数为

$$f_X(x) = \begin{cases} e^{-x}, & x > 0, \\ 0, & x \leq 0。 \end{cases}$$

类似地，由于 Y 的边缘概率密度函数为 $f_Y(y) = \int_{-\infty}^{+\infty} f(x,y) dx$。

当 $y \leq 0$ 时，

$$f_Y(y) = \int_{-\infty}^{+\infty} f(x,y)\,\mathrm{d}x = \int_{-\infty}^{+\infty} 0\,\mathrm{d}x = 0 ;$$

当 $y > 0$ 时，

$$f_Y(y) = \int_{-\infty}^{+\infty} f(x,y)\,\mathrm{d}x = \int_0^{+\infty} 2\mathrm{e}^{-x}\mathrm{e}^{-2y}\,\mathrm{d}x = 2\mathrm{e}^{-2y} 。$$

综上，Y 的边缘概率密度函数为

$$f_Y(y) = \begin{cases} 2\mathrm{e}^{-2y}, & y > 0, \\ 0, & y \leqslant 0。 \end{cases}$$

可见此例中的 X 和 Y 各自服从指数分布。

【例 7】 考虑向以原点为圆心、半径为 R 的圆内随机投掷一个质点，记 (X, Y) 为质点在该圆内落点的坐标。假设该质点落入圆内任何等面积区域的概率均相等，则 (X, Y) 的联合概率密度函数为

$$f(x,y) = \begin{cases} c, & x^2 + y^2 \leqslant R^2, \\ 0, & x^2 + y^2 > R^2。 \end{cases}$$

（1）试求出常数 c；

（2）计算 X 和 Y 的边缘概率密度函数；

（3）对给定的 $0 \leqslant a \leqslant R$，求质点到原点距离不超过 a 的概率。

解 （1）由于 $\int_{-\infty}^{+\infty}\int_{-\infty}^{+\infty} f(x,y)\,\mathrm{d}x\mathrm{d}y = 1$，所以由

$$c \iint\limits_{x^2+y^2 \leqslant R^2} \mathrm{d}x\mathrm{d}y = c\pi R^2 = 1,$$

可得 $c = \dfrac{1}{\pi R^2}$。

（2）当 $x^2 > R^2$，即 $|x| > R$ 时，

$$f_X(x) = \int_{-\infty}^{+\infty} f(x,y)\,\mathrm{d}y = \int_{-\infty}^{+\infty} 0\,\mathrm{d}y = 0 ;$$

当 $|x| \leqslant R$ 时，

$$f_X(x) = \int_{-\infty}^{+\infty} f(x,y)\,\mathrm{d}y = \int_{-\sqrt{R^2-x^2}}^{\sqrt{R^2-x^2}} \frac{1}{\pi R^2}\,\mathrm{d}y = \frac{2\sqrt{R^2-x^2}}{\pi R^2} 。$$

所以，X 的边缘概率密度函数为

$$f_X(x) = \begin{cases} \dfrac{2\sqrt{R^2-x^2}}{\pi R^2}, & |x| \leqslant R, \\ 0, & |x| > R。 \end{cases}$$

类似地，当 $y^2 > R^2$，即 $|y| > R$ 时，

$$f_Y(y) = \int_{-\infty}^{+\infty} f(x,y)\mathrm{d}x = \int_{-\infty}^{+\infty} 0\mathrm{d}x = 0;$$

当 $|y| \leqslant R$ 时，

$$f_Y(y) = \int_{-\infty}^{+\infty} f(x,y)\mathrm{d}x = \int_{-\sqrt{R^2-y^2}}^{\sqrt{R^2-y^2}} \frac{1}{\pi R^2}\mathrm{d}x = \frac{2\sqrt{R^2-y^2}}{\pi R^2}。$$

所以，Y 的边缘概率密度函数为

$$f_Y(y) = \begin{cases} \dfrac{2\sqrt{R^2-y^2}}{\pi R^2}, & |y| \leqslant R, \\ 0, & |y| > R。 \end{cases}$$

（3）质点到原点距离为 $\sqrt{X^2+Y^2}$，对于 $0 \leqslant a \leqslant R$，所求概率为

$$\begin{aligned} P\{\sqrt{X^2+Y^2} \leqslant a\} &= P\{X^2+Y^2 \leqslant a^2\} \\ &= \iint\limits_{x^2+y^2 \leqslant a^2} f(x,y)\mathrm{d}x\mathrm{d}y \\ &= \iint\limits_{x^2+y^2 \leqslant a^2} \frac{1}{\pi R^2}\mathrm{d}x\mathrm{d}y = \frac{\pi a^2}{\pi R^2} = \frac{a^2}{R^2}。 \end{aligned}$$

可见，概率是以 a 为半径的圆的面积在以 R 为半径的圆的面积中所占的比例。

上例中的 (X, Y) 实际上服从的是以原点为圆心、半径为 R 的圆内的均匀分布（二维均匀分布）。一般地，对于某个平面上的区域 D，若二维连续型随机变量 (X, Y) 的联合概率密度函数为

$$f(x,y) = \begin{cases} \dfrac{1}{\sigma}, & (x,y) \in D, \\ 0, & \text{其他}, \end{cases}$$

其中，σ 为区域 D 的面积，则称 (X, Y) 服从区域 D 上的**二维均匀分布**。

2.6.3　联合分布函数与边缘分布函数

与一维情况类似，对于二维随机变量，也可以通过分布函数来研究其分布规律。

定义 2.5　设 (X, Y) 是二维随机变量，对于任意实数 x、y，称二元函数
$$F(x,y) = P\{X \leqslant x, Y \leqslant y\}$$
为 (X, Y) 的分布函数，也称为 X 与 Y 的联合分布函数。

二维随机变量 (X, Y) 的联合分布函数的几何意义是：如果把 (X, Y) 看成是平面上随机点的坐标，那么分布函数 $F(x, y)$ 在点 (x, y) 处的函数值就是随机点 (X, Y) 落在 xOy 平面上以 (x, y) 为顶点的左下方无限矩形

区域内的概率（见图 2-3a）. 根据上述几何解释，随机点 (X, Y) 落在矩形区域 $\{x_1 < X \leqslant x_2, y_1 < Y \leqslant y_2\}$（见图 2-3b）内的概率为

$$P\{x_1 < X \leqslant x_2, y_1 < Y \leqslant y_2\} = F(x_2, y_2) - F(x_2, y_1) + F(x_1, y_1) - F(x_1, y_2)。$$

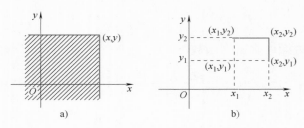

图 2-3

容易验证，联合分布函数具有以下基本性质：

（1）$F(x, y)$ 分别关于变量 x 和 y 单调非减；

（2）$0 \leqslant F(x, y) \leqslant 1$，且 $F(x, -\infty) = F(-\infty, y) = F(-\infty, -\infty) = 0$，$F(+\infty, +\infty) = 1$；

（3）$F(x_2, y_2) - F(x_2, y_1) + F(x_1, y_1) - F(x_1, y_2)$
$= P\{x_1 < X \leqslant x_2, y_1 < Y \leqslant y_2\} \geqslant 0$。

我们已经知道，二维随机变量 (X, Y) 的两个分量 X 和 Y 各自是一个随机变量。(X, Y) 的联合分布函数是把它们作为一个整体来研究其分布规律的，若是考察 X 和 Y 各自的分布函数，这就是边缘分布函数了。那么，联合分布函数与边缘分布函数有怎样的关系呢？由一维随机变量 X 的分布函数的定义可知，若已知 (X, Y) 的联合分布函数 $F(x, y)$，则 X 的边缘分布函数为

$$F_X(x) = P\{X \leqslant x\} = P\{X \leqslant x, Y < +\infty\} = F(x, +\infty)，$$

这里把 $\{Y < +\infty\}$ 视为必然事件，此时事件 $\{X \leqslant x\} = \{X \leqslant x\} \cap \{Y < +\infty\}$。

类似地，Y 的边缘分布函数为

$$F_Y(y) = P\{Y \leqslant y\} = P\{X < +\infty, Y \leqslant y\} = F(+\infty, y)。$$

将二维随机变量的联合分布函数推广，即可得到 n 维随机变量的分布函数：设 $(X_1, X_2, \cdots, X_n)$ 是 n 维随机变量，对于任意实数 $x_1, x_2, \cdots, x_n$，称 n 元函数

$$F(x_1, x_2, \cdots, x_n) = P\{X_1 \leqslant x_1, X_2 \leqslant x_2, \cdots, X_n \leqslant x_n\}$$

为 $(X_1, X_2, \cdots, X_n)$ 的联合分布函数。

2.6.4 随机变量的独立性

如果对于任意两个实数集 A 和 B，总有

$$P\{X \in A, Y \in B\} = P\{X \in A\} P\{Y \in B\},$$

则称随机变量 X 与 Y 是相互独立的。

也就是说，如果对所有的实数集 A 和 B，事件 $\{X \in A\}$ 与 $\{X \in B\}$ 都是相互独立的，则随机变量 X 与 Y 相互独立。

可以证明，X 与 Y 相互独立，当且仅当对所有的实数 x 和 y，都有

$$P\{X \leq x, Y \leq y\} = P\{X \leq x\} P\{Y \leq y\},$$

因此，由联合分布函数与边缘分布函数的定义可知，随机变量 X 与 Y 相互独立等价于

$$F(x, y) = F_X(x) F_Y(y)$$

对任意的 x 和 y 都成立。

当 X 和 Y 为离散型随机变量时，X 与 Y 相互独立等价于

$$P\{X = x_i, Y = y_j\} = P\{X = x_i\} P\{Y = y_j\}$$

对任意的 i 和 j 都成立；

当 X 和 Y 为连续型随机变量时，X 与 Y 相互独立等价于

$$f(x, y) = f_X(x) f_Y(y)$$

几乎处处成立。

【例 8】 设随机变量 $X_1 \sim N(\mu_1, \sigma_1^2)$，$X_2 \sim N(\mu_2, \sigma_2^2)$，且 X_1 与 X_2 相互独立，求 (X_1, X_2) 的联合概率密度函数。

解 X_1 和 X_2 的概率密度函数分别为

$$f_{X_1}(x_1) = \frac{1}{\sqrt{2\pi}\sigma_1} e^{-\frac{(x_1 - \mu_1)^2}{2\sigma_1^2}},$$

$$f_{X_2}(x_2) = \frac{1}{\sqrt{2\pi}\sigma_2} e^{-\frac{(x_2 - \mu_2)^2}{2\sigma_2^2}},$$

由于 X_1 与 X_2 相互独立，则 (X_1, X_2) 的联合概率密度函数为

$$f(x_1, x_2) = f_{X_1}(x_1) f_{X_2}(x_2) = \frac{1}{\sqrt{2\pi}\sigma_1} e^{-\frac{(x_1 - \mu_1)^2}{2\sigma_1^2}} \cdot \frac{1}{\sqrt{2\pi}\sigma_2} e^{-\frac{(x_2 - \mu_2)^2}{2\sigma_2^2}}$$

$$= \frac{1}{2\pi\sigma_1\sigma_2} e^{-\frac{1}{2}\left[\frac{(x_1 - \mu_1)^2}{\sigma_1^2} + \frac{(x_2 - \mu_2)^2}{\sigma_2^2}\right]}。$$

【例 9】 设 X 和 Y 分别表示两个元件的寿命（单位：h），又设 X 与 Y 相互独立，且它们的概率密度函数分别为

$$f_X(x) = \begin{cases} e^{-x}, & x > 0, \\ 0, & x \leq 0 \end{cases} \quad \text{和} \quad f_Y(y) = \begin{cases} e^{-y}, & y > 0, \\ 0, & y \leq 0, \end{cases}$$

求 X 和 Y 的联合概率密度 $f(x, y)$。

解 由 X 与 Y 相互独立可知

$$f(x,y) = f_X(x)f_Y(y) = \begin{cases} e^{-(x+y)}, & x > 0, y > 0, \\ 0, & \text{其他}。 \end{cases}$$

【例10】 设二维随机变量 (X, Y) 在单位圆域 $x^2 + y^2 \leq 1$ 上服从均匀分布，问 X 与 Y 是否相互独立？

解 二维随机变量 (X, Y) 的联合概率密度函数为

$$f(x,y) = \begin{cases} \dfrac{1}{\pi}, & x^2 + y^2 \leq 1, \\ 0, & x^2 + y^2 > 1。 \end{cases}$$

由本节的例7中的结论可得，X 和 Y 的边缘概率密度函数分别为

$$f_X(x) = \begin{cases} \dfrac{2}{\pi}\sqrt{1-x^2}, & -1 \leq x \leq 1, \\ 0, & \text{其他}, \end{cases}$$

$$f_Y(y) = \begin{cases} \dfrac{2}{\pi}\sqrt{1-y^2}, & -1 \leq y \leq 1 \\ 0, & \text{其他}。 \end{cases}$$

由此可见，在圆域 $x^2 + y^2 \leq 1$ 内，$f(x,y) \neq f_X(x)f_Y(y)$，所以，X 与 Y 不相互独立。

2.6.5 两个随机变量函数的分布

假设我们已知两个离散型随机变量 X 与 Y 的联合分布律为

X \ Y	1	2
0	0.2	0.3
1	0.4	0.1

是否可以求得它们的函数 $Z = X + Y$，$U = XY$，$V = \max\{X, Y\}$ 各自的分布律呢？当然可以。但是有一个前提，那就是要能够了解上述联合分布律实际上意味着：二维随机变量 (X, Y) 的可能取值为如下点对：$(0, 1)$，$(0, 2)$，$(1, 1)$，$(1, 2)$，取值为各点对的概率分别为 0.2，0.3，0.4 和 0.1。这样我们自然就知道，随机变量 $Z = X + Y$ 的可能取值为 $0 + 1 = 1$，$0 + 2 = 2$，$1 + 1 = 2$，$1 + 2 = 3$，而取这几个值的概率分别是 (X, Y) 取值为相应点对的概率，即分别为 0.2，0.3，0.4 和 0.1。由于这里有两个和的值都是 2，所以需要在 Z 的分

布律中合并它们，可得 Z 的分布律为

Z	1	2	3
p_k	0.2	0.7	0.1

同理，可知 $U = XY$ 的可能值为 $0 \times 1 = 0$，$0 \times 2 = 0$，$1 \times 1 = 1$，$1 \times 2 = 2$，取这几个值的概率分别为 0.2，0.3，0.4 和 0.1，合并乘积相等的项，即得 U 的分布律为

U	0	1	2
p_k	0.5	0.4	0.1

$V = \max\{X, Y\}$ 的可能值为 $\max\{0, 1\} = 1$，$\max\{0, 2\} = 2$，$\max\{1, 1\} = 1$，$\max\{1, 2\} = 2$，取这几个值的概率分别为 0.2，0.3，0.4 和 0.1，合并相等的值可得 V 的分布律为

V	1	2
p_k	0.6	0.4

其实，前面的分析和求解过程可以简单地整理成如下的表格：

(X, Y)	$(0, 1)$	$(0, 2)$	$(1, 1)$	$(1, 2)$
$Z = X + Y$	1	2	2	3
$U = XY$	0	0	1	2
$V = \max\{X, Y\}$	1	2	1	2
p_k	0.2	0.3	0.4	0.1

合并函数值相等的项，即得 Z 的分布律为

Z	1	2	3
p_k	0.2	0.7	0.1

U 和 V 的分布律分别为

U	0	1	2
p_k	0.5	0.4	0.1

V	1	2
p_k	0.6	0.4

对于已知二维离散型随机变量（X，Y）的联合分布律，求它们的函数 g（X，Y）的分布律的一般性问题，均可用上述解法；而对于二维连续型随机变量，其函数的分布则相对复杂一些，这里不作介绍，感兴趣的读者可自行阅读有关书籍。

第2章习题

1. 抛掷一枚均匀骰子两次，试写出以下各随机变量的可能取值有哪些？

（1）两次抛掷出现的点数最大值；

（2）两次抛掷出现的点数最小值；

（3）两次抛掷所出现的点数之和；

（4）第一次抛掷点数减第二次抛掷点数的差。

2. 独立重复地抛掷一枚均匀硬币 4 次，令随机变量 X 表示正面朝上的次数，求 X 的概率分布。

3. 在习题 1 中，计算（1）~（4）问中的随机变量取到各个可能值的概率。

4. 设盒子里有 4 个白球、2 个黑球和 2 个红球，现从中随机抽取 2 个球。

（1）若令 X 表示所取到的白球个数，那么 X 的可能取值是哪些？取各个值的概率分别是多少？

（2）假设抽到一个黑球能赢得 2 元，抽到一个白球要输掉 1 元，抽到红球则是不输也不赢，若令 Y 表示最后赢得的钱数，那么 Y 的可能取值有哪些？取这些值的概率分别是多少？

5. 同时掷两枚均匀骰子，令 Y 表示两枚骰子点数的乘积，试计算随机变量 Y 的分布律。

6. 一个盒子中有 7 个白球，3 个红球，每次从中任意取出 1 个球，不放回，求首次取出白球所需的取球次数 X 的分布律。

7. 习题 6 中，若取出的球是红球则不放回，而是另外放入一个白球，求在这种情况下，首次取出白球所需的取球次数 X 的分布律。

8. 习题 6 中，若取球方式改为有放回的，即每次任取完 1 个球后，将该球放回并混合均匀，然后再进行下一次抽取。求首次取出白球所需的取球次数 X 的分布律。

9. 假设对 5 个男生和 5 个女生依照他们的测验成绩排名。设没有两个学生的成绩相同，而且所有 10! 种可能的排名次序所出现的概率都相同。令 X 表示成绩最高的女生在全体 10 名同学中的排名（即 $X=1$ 表示第一名是女生，$X=2$ 表示第一名是男生，第二名是女生）。求 $P\{X=i\}$，$i=1$，2，3，4，5，6。

10. 将 5 个不同的实数随机分派给编号分别为 1 号、2 号、3 号、4 号、5 号的 5 个人。两人之间比较数的大小，大者获胜。最初，1 号和 2 号比较，胜者再同 3 号比较，依此下去。令 X 表示 1 号在比较中获胜的次数。试计算 $P\{X=i\}$，$i=0$，1，2，3，4。

11. 设某人射击命中目标的概率为 0.8，现在他向同一目标射击 5 次，试求：

（1）他有三次命中目标的概率；　　（2）他至多有两次命中目标的概率；

（3）他至少有三次命中目标的概率。

12. 设一商店的某种商品每月的销售数量 X 服从参数为 5 的泊松分布。

（1）求该商店的这种商品在一个月内仅售出 1 件的概率；

（2）请思考：为使这种商品在一个月内能以 95% 以上的概率不脱销，应该进货多少件？（假设之前这种商品没有存货）

13. 设连续型随机变量 X 的概率密度函数为

$$f(x) = \begin{cases} Cx, & 0 \leqslant x \leqslant 4, \\ 0, & \text{其他}。 \end{cases}$$

试求：（1）常数 C；（2）$P\{-1 \leqslant X \leqslant 2\}$。

14. 设 X 是一随机变量，其概率密度函数为

$$f(x) = \begin{cases} C(1-x^2), & -1 < x < 1, \\ 0, & \text{其他}。 \end{cases}$$

试求：（1）C 的值是多少？（2）$P\{X>0\}$；（3）X 的分布函数。

15. 已知随机变量 X 的分布律为

X	-1	0	1
p	0.3	0.4	0.3

（1）求 X 的分布函数 $F(x)$，并画出图形；（2）求 $P\{-1 \leqslant X \leqslant 0\}$；

（3）求 $Y = 3X^2 - 1$ 的分布律及 $P\{Y \geqslant 1\}$。

16. 已知离散型随机变量 X 的分布函数为

$$F(x) = \begin{cases} 0, & x < -1, \\ 0.25, & -1 \leqslant x < 2, \\ 0.75, & 2 \leqslant x < 3, \\ 1, & x \geqslant 3。 \end{cases}$$

（1）请写出 X 的分布律；（2）计算 $P\{X=-1\}$，$P\{X=0\}$，$P\{X=2\}$；

（3）试计算 $P\{X\leqslant0.5\}$，$P\{2<X\leqslant3.5\}$，以及 $P\{2\leqslant X\leqslant3.5\}$。

17. 已知随机变量 X 的分布函数如下：

$$F(x)=\begin{cases}0, & x<0,\\ x/4, & 0\leqslant x<1,\\ \dfrac{1}{2}+\dfrac{x-1}{4}, & 1\leqslant x<2,\\ 11/12, & 2\leqslant x<3,\\ 1, & x\geqslant3。\end{cases}$$

（1）试计算 $P\{X=i\}$，$i=0,1,2,3$；（2）求 $P\{1/2<X<3/2\}$。

18. 设某学生完成一个实验的时间 X 是一个随机变量（单位：h），其概率密度函数为

$$f(x)=\begin{cases}Cx^2+x, & 0\leqslant x\leqslant0.5,\\ 0, & 其他。\end{cases}$$

试求：（1）常数 C 的值；

（2）X 的分布函数；

（3）该学生在 20min 内完成一个实验的概率；

（4）该学生在 10min 内没有完成一个实验的概率。

19. 一个加油站每周补给一次油。如果它每周的销售量是一个随机变量，其密度函数为

$$f(x)=\begin{cases}5(1-x)^4, & 0<x<1,\\ 0, & 其他。\end{cases}$$

试问：油罐容量需要多大，才能把一周内断油的概率控制为 0.01？

20. 设随机变量 $X\sim N(3,2^2)$，试求：

（1）$P\{2<X\leqslant5\}$，$P\{-4\leqslant X\leqslant10\}$，$P\{|X|\geqslant2\}$，$P\{X>3\}$；

（2）试确定 a 的值，使得 $P\{X>a\}=P\{X\leqslant a\}$；

（3）请思考：若常数 d 满足 $P\{X>d\}\geqslant0.9$，则 d 的范围如何？

21. 试判断下面三个函数是否可以作为离散型随机变量的分布函数：

（1）$F(x)=\begin{cases}0, & x<0,\\ 3/4, & 0\leqslant x<1,\\ 1/2, & 1\leqslant x<2,\\ 1, & x\geqslant2;\end{cases}$ （2）$F(x)=\begin{cases}-1, & x<0,\\ 1/2, & 0\leqslant x<1,\\ 3/4, & 1\leqslant x<2,\\ 1, & x\geqslant2;\end{cases}$

$$(3)\ F(x) = \begin{cases} 0, & x < 0, \\ 1/2, & 0 \leqslant x \leqslant 1, \\ 3/4, & 1 < x < 2, \\ 1, & x \geqslant 2. \end{cases}$$

22. 试判断下面两个函数是否可以作为连续型随机变量的分布函数:

$$(1)\ F(x) = \begin{cases} \sin x, & x < \pi/2, \\ 1, & x \geqslant \pi/2; \end{cases}$$

$$(2)\ F(x) = \begin{cases} 0, & x < 0, \\ \sin x, & 0 \leqslant x < \pi/4, \\ x, & \pi/4 \leqslant x < 1, \\ 1, & x \geqslant 1. \end{cases}$$

23. 设连续型随机变量 X 的分布函数是

$$F(x) = \begin{cases} 0, & x < 0, \\ A + Bx, & 0 \leqslant x \leqslant 2, \\ 1, & x > 2. \end{cases}$$

求:(1) 未知参数 A、B;

(2) X 的概率密度函数。

24. 试求下列随机变量的函数的分布:

(1) 设 X 服从 $[0, 2]$ 上的均匀分布,即 $X \sim U(0, 2)$,求 $Y = 2X + 1$ 的概率密度函数;

(2) 设 X 服从标准正态分布,即 $X \sim N(0, 1)$,求 $Z = |X|$ 的概率密度函数。

25. 设二维离散型随机变量 (X, Y) 的联合分布律如下:

X \ Y	1	2	3
0	0.05	0.15	0.20
1	0.07	0.11	0.22
2	0.06	0.05	0.09

试求:(1) X 与 Y 各自的边缘分布律;

(2) 计算概率 $P\{X \leqslant 1, Y > 1\}$ 及 $P\{X = Y\}$;

(3) 判断 X 与 Y 是否相互独立;

(4) 分别求 $Z = 2X + Y$, $U = \max\{X, Y\}$ 和 $V = \min\{X, Y\}$ 的分布律。

26. 已知离散型随机变量 X 与 Y 相互独立,试将下面列表中的联合分布律与边缘分布律中的概率值补充完整:

X \ Y	y_1	y_2	y_3	$P\{X=x_i\}$
x_1		1/8		
x_2	1/8			
$P\{Y=y_j\}$	1/6			

27. 设二维连续型随机变量 (X, Y) 的联合概率密度函数为

$$f(x,y)=\begin{cases}1/4, & -1\leqslant x\leqslant 1,0\leqslant y\leqslant 2,\\ 0, & \text{其他。}\end{cases}$$

试求：（1）X 与 Y 各自的边缘概率密度函数；

（2）计算概率 $P\{0<X<1,\ 0<Y<1\}$ 和 $P\{Y<X\}$；

（3）判断 X 与 Y 是否相互独立。

28. 设二维连续型随机变量 (X, Y) 的联合概率密度为

$$f(x,y)=\begin{cases}3x, & 0\leqslant x\leqslant 1,0\leqslant y\leqslant x,\\ 0, & \text{其他。}\end{cases}$$

试求：（1）X 与 Y 各自的边缘概率密度函数；

（2）判断 X 与 Y 是否相互独立。

29. 设二维随机变量 (X, Y) 的联合分布函数为

$$F(x,y)=\begin{cases}1-e^{-x}-e^{-2y}+e^{-x-2y}, & x>0,\ y>0,\\ 0, & \text{其他。}\end{cases}$$

试求：（1）X 与 Y 各自的边缘分布函数；

（2）判断 X 与 Y 是否相互独立。

第 **3** 章

随机变量的数字特征

随机变量的分布函数可以完整地描述该随机变量的统计规律性，但在许多实际问题中，随机变量的分布往往较难确定；另一方面，有些问题也不用知道随机变量的精确分布，只要知道该随机变量的某些特征即可。随机变量的数字特征是联系于随机变量的某些数值，这些数值能够描述该随机变量在某些方面的特征。因此，在对随机变量的研究中，某些数字特征的确定就很重要。本章将要介绍的数字特征有数学期望、方差、协方差和相关系数。

3.1 随机变量的数学期望 ·······································

数学期望是度量一随机变量平均水平的数字特征。我们引入随机变量的数学期望的一般定义。

定义 3.1 设 X 为离散型随机变量，其概率分布规律为

$$P\{X = x_k\} = p_k(k = 1, 2, \cdots)。$$

若级数 $\sum\limits_{k=1}^{\infty} x_k p_k$ 绝对收敛，则称级数 $\sum\limits_{k=1}^{\infty} x_k p_k$ 的和为**离散型随机变量 X 的数学期望**，记为 $E(X)$。即

$$E(X) = \sum_{k=1}^{\infty} x_k p_k \tag{3.1}$$

定义 3.2 设 X 为连续型随机变量，概率密度为 $f(x)$，若积分 $\int_{-\infty}^{+\infty} xf(x)\mathrm{d}x$ 绝对收敛，则称 X 的数学期望存在，且称积分 $\int_{-\infty}^{+\infty} xf(x)\mathrm{d}x$ 为**连续型随机变量 X 的数学期望**，记为 $E(X)$。即

$$E(X) = \int_{-\infty}^{+\infty} xf(x)\mathrm{d}x \tag{3.2}$$

【例1】 设离散型随机变量 X 的概率分布律为

X	-2	-1	0	1	2
p_k	$\dfrac{1}{16}$	$\dfrac{2}{16}$	$\dfrac{3}{16}$	$\dfrac{2}{16}$	$\dfrac{8}{16}$

则 $E(X) = (-2) \times \dfrac{1}{16} + (-1) \times \dfrac{2}{16} + 0 \times \dfrac{3}{16} + 1 \times \dfrac{2}{16} + 2 \times \dfrac{8}{16} = \dfrac{7}{8}$。

【例2】 甲、乙两人进行打靶，所得分数分别记为 X_1、X_2，它们的分布律分别为

X_1	0	1	2		X_2	0	1	2
p_k	0	0.2	0.8		p_k	0.6	0.3	0.1

试评定它们成绩的好坏。

解 我们计算 X_1 的数学期望，得
$$E(X_1) = 0 \times 0 + 1 \times 0.2 + 2 \times 0.8 = 1.8 (\text{分})。$$
这意味着，如果甲进行很多次的射击，那么他所得分数的算术平均就接近于 1.8。而乙所得分数 X_2 的数学期望为
$$E(X_2) = 0 \times 0.6 + 1 \times 0.3 + 2 \times 0.1 = 0.5 (\text{分})。$$
很明显，乙的成绩远不如甲的成绩。

【例3】 设随机变量 X 的概率密度函数为
$$f(x) = \begin{cases} 1 + x, & -1 \leqslant x \leqslant 0, \\ 1 - x, & 0 < x \leqslant 1, \\ 0, & \text{其他}, \end{cases}$$
求其数学期望。

解 $E(X) = \displaystyle\int_{-\infty}^{+\infty} x f(x) \, \mathrm{d}x = \int_{-1}^{0} x(1 + x) \, \mathrm{d}x + \int_{0}^{1} x(1 - x) \, \mathrm{d}x$

$= \left(\dfrac{1}{2} x^2 + \dfrac{1}{3} x^3 \right) \Big|_{-1}^{0} + \left(\dfrac{1}{2} x^2 - \dfrac{1}{3} x^3 \right) \Big|_{0}^{1} = -\dfrac{1}{6} + \dfrac{1}{6} = 0$。

我们经常需要求随机变量的函数的数学期望。例如，设圆的直径 D 是随机变量，我们感兴趣的是圆面积 $Y = \dfrac{1}{4} \pi D^2$ 的数学期望，等等。

我们将不加证明地给出求随机变量的函数的数学期望的定理。

定理 3.1　设 Y 是随机变量 X 的函数：$Y = g(X)$（g 是连续函数）。

（ⅰ）设 X 是离散型随机变量，它的分布律为

$$P\{X = x_k\} = p_k \quad (k = 1, 2, \cdots),$$

若级数 $\sum\limits_{k=1}^{+\infty} g(x_k)p_k$ 绝对收敛，则 Y 的数学期望存在，且

$$E(Y) = E[g(X)] = \sum_{k=1}^{+\infty} g(x_k)p_k \text{。} \tag{3.3}$$

（ⅱ）设 X 是连续型随机变量，其概率密度为 $f(x)$，若积分 $\int_{-\infty}^{+\infty} g(x)f(x)\mathrm{d}x$ 绝对收敛，则 $Y = g(X)$ 的数学期望存在，且

$$E(Y) = E[g(X)] = \int_{-\infty}^{+\infty} g(x)f(x)\mathrm{d}x \tag{3.4}$$

根据定理 3.1 可知，当我们求 $Y = g(X)$ 的数学期望时，不必知道 Y 的分布，只需要知道 X 的分布就可以了。这个定理还可以推广到二维及二维以上的随机变量的函数的情况。以二维随机变量函数 $Z = g(X, Y)$ 为例，有下面的定理。

定理 3.2　设 Z 是二维随机变量 (X, Y) 的函数，$Z = g(X, Y)$〔设 $g(X, Y)$ 是二元连续函数〕。

（ⅰ）设 (X, Y) 是离散型随机变量，它的分布律为

$$P\{X = x_i, Y = y_j\} = p_{ij} \quad (i, j = 1, 2, \cdots),$$

若级数 $\sum\limits_{i=1}^{+\infty} \sum\limits_{j=1}^{+\infty} g(x_i, y_j)p_{ij}$ 绝对收敛，则 Z 的数学期望存在，且

$$E(Z) = E[g(X, Y)] = \sum_{i=1}^{+\infty} \sum_{j=1}^{+\infty} g(x_i, y_j)p_{ij} \tag{3.5}$$

（ⅱ）设 (X, Y) 是连续型随机变量，其概率密度为 $f(x, y)$，若积分 $\int_{-\infty}^{+\infty} \int_{-\infty}^{+\infty} g(x, y)f(x, y)\mathrm{d}x\mathrm{d}y$ 绝对收敛，则 Z 的数学期望存在，且有

$$E(Z) = E[g(X, Y)] = \int_{-\infty}^{+\infty} \int_{-\infty}^{+\infty} g(x, y)f(x, y)\mathrm{d}x\mathrm{d}y \tag{3.6}$$

【例 4】　设圆的直径 X 在区间 $[a, b]$ 上均匀分布，求圆面积：$Y = \dfrac{\pi}{4}X^2$ 的数学期望。

解　X 的概率密度函数为

$$f(x) = \begin{cases} \dfrac{1}{b-a}, & a \leqslant x \leqslant b, \\ 0, & \text{其他。} \end{cases}$$

$$E(Y) = E\left(\frac{\pi}{4}X^2\right) = \int_{-\infty}^{+\infty} \frac{\pi}{4}x^2 \cdot f(x)\,\mathrm{d}x$$

$$= \int_a^b \frac{\pi}{4}x^2\left(\frac{1}{b-a}\right)\mathrm{d}x = \frac{\pi(a^2 + ab + b^2)}{12}。$$

【例5】　设二维随机变量 (X, Y) 的概率密度为

$$f(x,y) = \begin{cases} x + y, & 0 \leqslant x \leqslant 1, 0 \leqslant y \leqslant 1, \\ 0, & \text{其他}。 \end{cases}$$

试求 XY 的数学期望。

解　由式（3.6），得

$$E(XY) = \int_{-\infty}^{+\infty}\int_{-\infty}^{+\infty} xyf(x,y)\,\mathrm{d}x\mathrm{d}y = \int_0^1\int_0^1 xy(x+y)\,\mathrm{d}x\mathrm{d}y = \frac{1}{3}。$$

现在来证明数学期望的几个重要性质。

（i）设 C 是常数，则有 $E(C) = C$；

（ii）设 X 是一个随机变量，C 是常数，则有 $E(CX) = CE(X)$；

（iii）设 X、Y 是两个随机变量，则有 $E(X+Y) = E(X) + E(Y)$；

注：这一性质可以推广到任意有限个随机变量之和的情况。

（iv）设 X、Y 是相互独立的随机变量，则有 $E(XY) = E(X)E(Y)$；

注：这一性质可以推广到任意有限个相互独立的随机变量之积的情况。

证明　性质（i）、（ii）由读者自己证明，此处仅在 (X, Y) 为连续型随机变量的情况下证明性质（iii）和（iv）。

设二维随机变量 (X, Y) 的概率密度为 $f(x, y)$。其边缘概率密度分别为 $f_X(x)$ 和 $f_Y(y)$，则

$$E(X+Y) = \int_{-\infty}^{+\infty}\int_{-\infty}^{+\infty} (x+y)f(x,y)\,\mathrm{d}x\mathrm{d}y$$

$$= \int_{-\infty}^{+\infty}\int_{-\infty}^{+\infty} xf(x,y)\,\mathrm{d}x\mathrm{d}y + \int_{-\infty}^{+\infty}\int_{-\infty}^{+\infty} yf(x,y)\,\mathrm{d}x\mathrm{d}y$$

$$= \int_{-\infty}^{+\infty} xf_X(x)\,\mathrm{d}x + \int_{-\infty}^{+\infty} yf_y(Y)\,\mathrm{d}y$$

$$= E(X) + E(Y),$$

性质（iii）得证。

又若 X 和 Y 相互独立，此时 $f(x, y) = f_X(x)f_Y(y)$，故有

$$E(XY) = \int_{-\infty}^{+\infty}\int_{-\infty}^{+\infty} xyf_X(x)f_Y(y)\,\mathrm{d}x\mathrm{d}y$$

$$= \left[\int_{-\infty}^{+\infty} xf_X(x)\,\mathrm{d}x\right]\left[\int_{-\infty}^{+\infty} yf_y(Y)\,\mathrm{d}y\right]$$

$$= E(X)E(Y)。$$

性质（ⅳ）得证。

【例 6】　一民航送客车载有 20 位旅客自机场开出，旅客有 10 个车站可以下车。如到达一个车站没有旅客下车就不停车。以 X 表示停车的次数，设每位旅客在各个车站下车是等可能的，并设各旅客是否下车相互独立，求 $E(X)$。

解　引入随机变量
$$X_i = \begin{cases} 0, & \text{在第 } i \text{ 站没有人下车} \\ 1, & \text{在第 } i \text{ 站有人下车} \end{cases} (i = 1, 2, \cdots, 10)。$$
易见 $X = X_1 + X_2 + \cdots + X_{10}$。

现在来求 $E(X)$。

按题意，任一旅客在第 i 站不下车的概率为 $\dfrac{9}{10}$，因此 20 位旅客都不在第 i 站下车的概率为 $\left(\dfrac{9}{10}\right)^{20}$，在第 i 站有人下车的概率为 $1 - \left(\dfrac{9}{10}\right)^{20}$，于是有 X_i 的分布律：

X_i	0	1
p_k	$\left(\dfrac{9}{10}\right)^{20}$	$1 - \left(\dfrac{9}{10}\right)^{20}$

则
$$E(X_i) = 0 \times \left(\frac{9}{10}\right)^{20} + 1 \times \left[1 - \left(\frac{9}{10}\right)^{20}\right] = 1 - \left(\frac{9}{10}\right)^{20}, \quad i = 1, 2, \cdots, 10。$$
进而得
$$\begin{aligned} E(X) &= E(X_1 + X_2 + \cdots + X_{10}) \\ &= E(X_1) + E(X_2) + \cdots + E(X_{10}) \\ &= 10 \times \left[1 - \left(\frac{9}{10}\right)^{20}\right] = 8.784。 \end{aligned}$$
即平均停车 8.784 次。

本题是将 X 分解成数个随机变量之和，然后利用随机变量和的数学期望等于随机变量数学期望之和来求数学期望的，这种处理方法具有一定的普遍意义。

【例 7】　设一电路中电流 I（单位：A）与电阻 R（单位：Ω）是两个相互独立的随机变量，其概率密度分别为
$$g(i) = \begin{cases} 2i, & 0 \leqslant i \leqslant 1 \\ 0, & \text{其他} \end{cases}, \text{和 } h(r) = \begin{cases} \dfrac{r^2}{9}, & 0 \leqslant r \leqslant 3 \\ 0, & \text{其他。} \end{cases}$$

试求电压 $U = IR$ 的均值。

解　$E(U) = E(IR) = E(I)E(R)$

$$= \left[\int_{-\infty}^{+\infty} ig(i)\,\mathrm{d}i \right]\left[\int_{-\infty}^{+\infty} rh(r)\,\mathrm{d}r \right]$$

$$= \left(\int_0^1 2i^2\,\mathrm{d}i \right)\left(\int_0^3 \frac{r^3}{9}\,\mathrm{d}r \right) = \frac{3}{2}(\mathrm{V})。$$

3.2　方差

在许多实际问题中，我们不仅关心某指标的平均取值，而且还关心其取值与平均值的偏离程度。例如，对一批灯泡的寿命，我们希望平均寿命要长，另外我们也希望这批灯泡相互间寿命的差异要小，即平时所说的质量较稳定，而衡量质量稳定性的数量指标即本节所要讨论的数字特征——方差。

怎样衡量一个随机变量与其均值的偏离程度呢？一个直接的想法是用 $E[|X - E(X)|]$ 的大小来衡量，但由于它带有绝对值，将给计算或理论研究带来不便，为此通常采用 $E[X - E(X)]^2$ 来度量随机变量与其平均值的偏离程度。我们引入如下的定义。

定义 3.3　设 X 是随机变量，若 $E[X - E(X)]^2$ 存在，则称 $E[X - E(X)]^2$ 为随机变量 X 的**方差**，记为 $D(X)$，即

$$D(X) = E[X - E(X)]^2 \tag{3.7}$$

称 $\sqrt{D(X)}$ 为随机变量 X 的**标准差**或**均方差**。

由方差的定义，不难得到如下的表达式。

（1）若 X 是离散型随机变量，分布律为

$$P\{X = x_k\} = p_k (k = 1, 2, \cdots),$$

则

$$D(X) = \sum_{k=1}^{+\infty} [x_k - E(X)]^2 p_k。 \tag{3.8}$$

（2）若 X 是连续型随机变量，其概率密度为 $f(x)$，则

$$D(X) = \int_{-\infty}^{+\infty} [x - E(X)]^2 f(x)\,\mathrm{d}x。 \tag{3.9}$$

随机变量 X 的方差可按下列公式计算：

$$D(X) = E(X^2) - [E(X)]^2。 \tag{3.10}$$

证明　由数学期望的性质，得

$$D(X) = E[X - E(X)]^2 = E\{X^2 - 2XE(X) + [E(X)]^2\}$$
$$= E(X^2) - 2E(X)E(X) + [E(X)]^2$$
$$= E(X^2) - [E(X)]^2。$$

【例 1】　设随机变量 X 服从 (0-1) 分布，其分布律为

$$P\{X = 0\} = 1 - p, \quad P\{X = 1\} = p。$$

求 $D(X)$。

解　$E(X) = 0 \cdot (1 - p) + 1 \cdot p = p$，　$E(X^2) = 0^2 \cdot (1 - p) + 1^2 \cdot p = p$，
由式 (3.10)，得

$$D(X) = E(X^2) - [E(X)]^2 = p - p^2 = p(1 - p)。$$

【例 2】　设随机变量 X 具有概率密度

$$f(x) = \begin{cases} x, & 0 < x < 1, \\ 2 - x, & 1 \leq x \leq 2, \\ 0, & 其他。 \end{cases}$$

求 $E(X)$，$D(X)$。

解　$E(X) = \int_{-\infty}^{+\infty} x f(x) \, dx = \int_0^1 x \cdot x \, dx + \int_1^2 x(2 - x) \, dx = 1$，

由于 $D(X) = E(X^2) - [E(X)]^2$，

$$E(X^2) = \int_{-\infty}^{+\infty} x^2 f(x) \, dx = \int_0^1 x^2 \cdot x \, dx + \int_1^2 x^2 \cdot (2 - x) \, dx = \frac{7}{6}，$$

于是 $D(X) = \frac{7}{6} - 1^2 = \frac{1}{6}$。

现在来证明方差的几个重要性质（假设以下的随机变量其方差均存在）：

（i）设 C 是常数，则有 $D(C) = 0$。

（ii）设 X 是一个随机变量，C 是常数，则有 $D(CX) = C^2 D(X)$。

性质（i）和（ii）的证明由读者自己完成。

（iii）设 X、Y 是相互独立的随机变量，则有 $D(X + Y) = D(X) + D(Y)$。
这一性质可以推广到任意有限个相互独立的随机变量之和的情况。

证明　$D(X + Y) = E[(X + Y) - E(X + Y)]^2$
$$= E[X - E(X) + Y - E(Y)]^2$$
$$= E[X - E(X)]^2 + E[Y - E(Y)]^2 + 2E\{[X - E(X)][Y - E(Y)]\}$$
$$= D(X) + D(Y) + 2E\{[X - E(X)][Y - E(Y)]\} \quad (3.11)$$

由于 X 与 Y 相互独立，所以 $X - E(X)$ 与 $Y - E(Y)$ 也相互独立，由数学期望的性质（iv）知道，上式右端第三项

$$2E\{[X - E(X)][Y - E(Y)]\} = 2E[X - E(X)]E[Y - E(Y)] = 0,$$

于是可得

$$D(X + Y) = D(X) + D(Y)。$$

（iv） $D(X) = 0$ 的充要条件是 $P\{X = E(X)\} = 1$。证明略。

【例3】 设 X 服从二项分布，$X \sim B(n, p)$，利用数学期望和方差的性质求 $E(X)$，$D(X)$。

解 考虑 n 重伯努利试验，在每次试验中 A 发生的概率为 p，X 为 n 次试验中 A 发生的次数，则 $X \sim B(n, p)$。记

$$X_i = \begin{cases} 1, & 第 i 次试验中 A 发生 \\ 0, & 第 i 次试验中 A 未发生 \end{cases} \quad (i = 1, 2, \cdots, n),$$

则 $X = X_1 + X_2 + \cdots + X_n$。

显然，X_1，X_2，$\cdots$，X_n 相互独立且服从参数为 p 的（0-1）分布。由本节的例1知

$$E(X_i) = p, D(X_i) = p(1 - p) \quad (i = 1, 2, \cdots, n)。$$

由数学期望和方差的性质，得

$$E(X) = E(X_1 + X_2 + \cdots + X_n) = E(X_1) + E(X_2) + \cdots + E(X_n) = np,$$

$$D(X) = D(X_1 + X_2 + \cdots + X_n) = D(X_1) + D(X_2) + \cdots + D(X_n) = np(1 - p)。$$

下面介绍一个与方差有关的重要的不等式——切比雪夫（Chebyshev）不等式。

设随机变量 X 具有数学期望 $E(X) = \mu$，方差 $D(X) = \sigma^2$，则对于任意正数 ε，不等式

$$P\{|X - \mu| \geqslant \varepsilon\} \leqslant \frac{\sigma^2}{\varepsilon^2} \tag{3.12}$$

成立。

证明 （这里仅就 X 为连续型随机变量的情况给出证明）设 X 的概率密度为 $f(x)$，则

$$P\{|X - \mu| \geqslant \varepsilon\} = \int_{|x-\mu| \geqslant \varepsilon} f(x)\,\mathrm{d}x \leqslant \int_{|x-\mu| \geqslant \varepsilon} \frac{(x - \mu)^2}{\varepsilon^2} f(x)\,\mathrm{d}x$$

$$\leqslant \frac{1}{\varepsilon^2} \int_{-\infty}^{+\infty} (x - \mu)^2 f(x)\,\mathrm{d}x = \frac{D(X)}{\varepsilon^2} = \frac{\sigma^2}{\varepsilon^2}。$$

切比雪夫不等式也可以写成如下的形式

$$P\{|X - \mu| < \varepsilon\} \geqslant 1 - \frac{\sigma^2}{\varepsilon^2}。 \tag{3.13}$$

这个不等式给出了在随机变量 X 的分布未知的情况下 $P\{|X-\mu|<\varepsilon\}$ 的一种估计方法. 例如, 在 (3.13) 中分别取 $\varepsilon=3\sigma$, 4σ 得到

$$P\{|X-\mu|<3\sigma\}\geqslant 0.8889,$$
$$P\{|X-\mu|<4\sigma\}\geqslant 0.9375。$$

3.3　几种重要分布的数学期望与方差

本节介绍几种重要分布的数学期望和方差。

1. 二项分布

设 X 服从二项分布, $X\sim B(n,p)$, 分布律为

$$P\{X=k\}=C_n^k p^k(1-p)^{n-k}\ (k=0,1,2,\cdots,n;0<p<1)。$$

在 3.2 节例 3 中已得到

$$E(X)=np,D(X)=np(1-p)。$$

2. 泊松分布

设 X 服从参数为 λ 的泊松分布, 其分布律为

$$P\{X=k\}=\frac{\lambda^k e^{-\lambda}}{k!}\ (k=0,1,2,\cdots;\lambda>0)。$$

X 的数学期望为

$$E(X)=\sum_{k=0}^{\infty}k\frac{\lambda^k e^{-\lambda}}{k!}=\lambda e^{-\lambda}\sum_{k=1}^{\infty}\frac{\lambda^{k-1}}{(k-1)!}=\lambda e^{-\lambda}\cdot e^{\lambda}=\lambda。$$

又可算得

$$E(X^2)=E[X(X-1)+X]=E[X(X-1)]+E(X)$$
$$=\sum_{k=0}^{\infty}k(k-1)\frac{\lambda^k}{k!}e^{-\lambda}+\lambda=\lambda^2 e^{-\lambda}\sum_{k=2}^{\infty}\frac{\lambda^{k-2}}{(k-2)!}+\lambda$$
$$=\lambda^2 e^{-\lambda}\cdot e^{\lambda}+\lambda=\lambda^2+\lambda,$$

所以方差为

$$D(X)=E(X^2)-[E(X)]^2=\lambda,$$

即对参数为 λ 的泊松分布, 其期望与方差都等于 λ。

3. 均匀分布

设 X 在区间 (a,b) 上服从均匀分布, 其概率密度为

$$f(x)=\begin{cases}\dfrac{1}{b-a}, & a<x<b,\\ 0, & \text{其他}。\end{cases}$$

X 的数学期望为

$$E(X) = \int_a^b x \frac{1}{b-a} \mathrm{d}x = \frac{a+b}{2},$$

即数学期望位于区间的中点。方差为

$$D(X) = E(X^2) - [E(X)]^2 = \int_a^b x^2 \frac{1}{b-a} \mathrm{d}x - \left(\frac{a+b}{2}\right)^2 = \frac{(b-a)^2}{12}。$$

4. 正态分布

设 X 服从参数为 μ，σ 的正态分布，其概率密度函数为

$$f(x) = \frac{1}{\sqrt{2\pi}\sigma} \mathrm{e}^{-\frac{(x-\mu)^2}{2\sigma^2}} \quad (\sigma > 0, -\infty < x < +\infty)。$$

X 的数学期望为

$$E(X) = \int_{-\infty}^{+\infty} x \frac{1}{\sqrt{2\pi}\sigma} \mathrm{e}^{-\frac{(x-\mu)^2}{2\sigma^2}} \mathrm{d}x。$$

令 $\dfrac{x-\mu}{\sigma} = t$，得

$$E(X) = \frac{1}{\sqrt{2\pi}} \int_{-\infty}^{+\infty} (\sigma t + \mu) \mathrm{e}^{-\frac{t^2}{2}} \mathrm{d}t = \frac{\mu}{\sqrt{2\pi}} \int_{-\infty}^{+\infty} \mathrm{e}^{-\frac{t^2}{2}} \mathrm{d}t = \frac{\mu}{\sqrt{2\pi}} \sqrt{2\pi} = \mu,$$

而方差为

$$D(X) = \int_{-\infty}^{+\infty} (x-\mu)^2 f(x) \mathrm{d}x = \frac{1}{\sqrt{2\pi}\sigma} \int_{-\infty}^{+\infty} (x-\mu)^2 \mathrm{e}^{-\frac{(x-\mu)^2}{2\sigma^2}} \mathrm{d}x。$$

令 $\dfrac{x-\mu}{\sigma} = t$，得

$$D(X) = \frac{\sigma^2}{\sqrt{2\pi}} \int_{-\infty}^{+\infty} t^2 \mathrm{e}^{-\frac{t^2}{2}} \mathrm{d}t = \frac{\sigma^2}{\sqrt{2\pi}} \left(\left[-t\mathrm{e}^{-\frac{t^2}{2}} \right]_{-\infty}^{+\infty} + \int_{-\infty}^{+\infty} \mathrm{e}^{-\frac{t^2}{2}} \mathrm{d}t \right)$$

$$= 0 + \frac{\sigma^2}{\sqrt{2\pi}} \sqrt{2\pi} = \sigma^2。$$

这就是说，正态随机变量的概率密度函数中的两个参数 μ 和 σ 分别就是该随机变量的数学期望和均方差。因而正态随机变量的分布完全可以由它的数学期望和方差所确定。

设有随机变量 X，$E(X) = \mu$，$D(X) = \sigma^2$，称 $Y = \dfrac{X-\mu}{\sigma}$ 为 X 的标准化变量，则

$$E(Y) = E\left(\frac{X-\mu}{\sigma}\right) = \frac{1}{\sigma} E(X-\mu) = 0,$$

$$D(Y) = E(Y^2) - [E(Y)]^2 = E(Y^2) = E\left(\frac{X-\mu}{\sigma}\right)^2 = \frac{1}{\sigma^2} E(X-\mu)^2 = \frac{1}{\sigma^2} \cdot \sigma^2 = 1。$$

【例】　设随机变量 X 和 Y 相互独立，且 $X \sim N(720, 30^2)$，$X \sim N(640, 25^2)$。求概率 $P\{X > Y\}$ 和 $P\{X + Y > 1400\}$。

解　由 X 和 Y 相互独立知，

$$E(X - Y) = E(X) - E(Y) = 80, D(X - Y) = D(X) + D(Y) = 1525。$$

且 $X - Y \sim N(80, 1525)$，所以得

$$P\{X > Y\} = P\{X - Y > 0\} = 1 - \Phi\left(\frac{0 - 80}{\sqrt{1525}}\right) = \Phi(2.0486) = 0.9798。$$

同理知 $X + Y \sim N(1360, 1525)$，所以得

$$P\{X + Y > 1400\} = 1 - \Phi\left(\frac{1400 - 1360}{\sqrt{1525}}\right) = 1 - \Phi(1.02) = 1 - 0.8461 = 0.1539。$$

3.4　协方差与相关系数

对于二维随机变量 (X, Y) 而言，X 和 Y 的期望与方差仅仅描述了 X 和 Y 自身的某些特征，而关于 X 与 Y 间的相互关系方面却并未提供任何信息。为此，我们需要引入一个数字特征，它可以反映两个随机变量间的联系，这就是协方差与相关系数。

在本章 3.2 节方差性质（ⅲ）的证明中，我们已经看到，如果两个随机变量 X 和 Y 是相互独立的，则

$$E\{[X - E(X)][Y - E(Y)]\} = 0。$$

这意味着当 $E\{[X - E(X)][Y - E(Y)]\} \neq 0$ 时，X 和 Y 不相互独立，而是存在着一定的关系的。

定义 3.4　设 (X, Y) 为二维随机变量。若 $E\{[X - E(X)][Y - E(Y)]\}$ 存在，则称它为随机变量 X 与 Y 的 **协方差**，记为 $\text{Cov}(X, Y)$，即

$$\text{Cov}(X, Y) = E\{[X - E(X)][Y - E(Y)]\}。$$

而

$$\rho_{XY} = \frac{\text{Cov}(X, Y)}{\sqrt{D(X)} \cdot \sqrt{D(Y)}}$$

称为随机变量 X 与 Y 的 **相关系数**。

由上述定义及式（3.11）得，对于任意两个随机变量 X 和 Y，下列等式成立：

$$D(X + Y) = D(X) + D(Y) + 2\text{Cov}(X, Y) \tag{3.14}$$

将 $\text{Cov}(X, Y)$ 的定义式展开，易得

$$\text{Cov}(X,Y) = E(XY) - E(X)E(Y) \tag{3.15}$$

我们常利用这一式子计算协方差。

协方差具有如下重要性质：

（ⅰ） $\text{Cov}(X, X) = D(X)$。

（ⅱ） $\text{Cov}(X, C) = 0$（ C 是常数）。

（ⅲ） $\text{Cov}(X, Y) = \text{Cov}(Y, X)$。

（ⅳ） $\text{Cov}(aX, bY) = ab\text{Cov}(X, Y)$（ a、 b 是常数）。

（ⅴ） $\text{Cov}(X + Y, Z) = \text{Cov}(X, Z) + \text{Cov}(Y, Z)$。

证明由读者自己完成。

下面我们来推导 ρ_{XY} 的两条重要性质。

定理 3.3 设 ρ 为随机变量 X 与 Y 的相关系数，则

（1） $|\rho| \leqslant 1$；

（2） $|\rho| = 1$ 的充要条件是 $P\{Y = aX + b\} = 1$（ a、 b 为常数，且 $a \neq 0$）。

证明 记 $X_1 = \dfrac{X - E(X)}{\sqrt{D(X)}}$, $Y_1 = \dfrac{Y - E(Y)}{\sqrt{D(Y)}}$。

（1）注意到 $D(X_1) = D(Y_1) = 1$，由协方差的性质有

$$\rho_{X_1,Y_1} = \text{Cov}(X_1, Y_1) = \text{Cov}\left(\frac{X - E(X)}{\sqrt{D(X)}}, \frac{Y - E(Y)}{\sqrt{D(Y)}}\right)$$

$$= \text{Cov}\left(\frac{X}{\sqrt{D(X)}}, \frac{Y}{\sqrt{D(Y)}}\right) = \frac{\text{Cov}(X,Y)}{\sqrt{D(X)} \cdot \sqrt{D(Y)}} = \rho_{XY},$$

又因为

$$D(X_1 \pm Y_1) = D(X_1) + D(Y_1) \pm 2\text{Cov}(X_1, Y_1) = 2 \pm 2\rho_{X_1 Y_1}$$

$$= 2 \pm 2\rho_{XY} = 2(1 \pm \rho_{XY}) \geqslant 0,$$

所以 $|\rho_{XY}| \leqslant 1$，即（1）得证。

（2）又注意到 $E(X_1) = E(Y_1) = 0$，有

$$|\rho_{XY}| = 1 \Leftrightarrow \rho_{XY} = \mp 1 \Leftrightarrow D(X_1 \pm Y_1) = 0 \Leftrightarrow P\{X_1 \pm Y_1 = 0\} = 1 \Leftrightarrow P\{X_1 = \mp Y_1\} = 1$$

$$\Leftrightarrow P\left\{\frac{X - E(X)}{\sqrt{D(X)}} = \mp \frac{Y - E(Y)}{\sqrt{D(Y)}}\right\} = 1,$$

从而得出存在常数 a、 b，使得 $P\{Y = aX + b\} = 1$。

反之，设有常数 $a(\neq 0)$、 b，使得 $P\{Y = aX + b\} = 1$，则随机变量 Y 与 $aX + b$ 有相同的分布函数，二维随机变量 (X, Y) 与 $(X, aX + b)$ 有相同的分布函数，于是

$$D(Y) = D(aX + b) = a^2 D(X),$$

$$\mathrm{Cov}(X,Y) = \mathrm{Cov}(X, aX + b) = aD(X),$$

所以

$$\rho_{XY} = \frac{\mathrm{Cov}(X,Y)}{\sqrt{D(X)} \cdot \sqrt{D(Y)}} = \frac{aD(X)}{|a|D(X)} = \frac{a}{|a|},$$

从而得 $|\rho_{XY}| = 1$，即（2）得证。

相关系数是两随机变量间线性关系强弱的一种度量。定理 3.3 表明，当 $|\rho| = 1$ 时，随机变量 X 与 Y 之间以概率 1 存在着线性关系。并且容易验证，当 $\rho = 1$ 时为正线性相关（即 $a > 0$），当 $\rho = -1$ 时为负线性相关（即 $a < 0$）；当 $|\rho| < 1$ 时，$|\rho|$ 越小，X 与 Y 的线性相关程度就越弱，直至当 $\rho = 0$ 时，X 与 Y 之间就不存在线性关系了。

定义 3.5 设随机变量 X 与 Y 的相关系数为 ρ。若 $\rho = 0$，则称随机变量 X 与 Y 不相关。

定理 3.4 若 X 与 Y 相互独立，则必有 X 与 Y 不相关。反之不然。

证明略。

【例 1】 设二维随机变量 (X, Y) 具有分布律

X \ Y	0	1
−1	1/3	0
0	0	1/3
1	1/3	0

易知 X、Y、XY 的分布律分别为

X	−1	0	1
p_k	1/3	1/3	1/3
Y	0	1	
p_k	2/3	1/3	

XY	0
p_k	1

从而 $E(X) = 0$，$E(Y) = \dfrac{1}{3}$，$E(XY) = 0$，

$$\mathrm{Cov}(X,Y) = E(XY) - E(X)E(Y) = 0 - 0 = 0,$$

即知 $\rho_{XY} = 0$，即 X 与 Y 不相关。但由于

$$P\{X=0, Y=0\} = 0 \neq P\{X=0\}P\{Y=0\} = \frac{2}{9},$$

即 X 与 Y 并不相互独立。

【例2】 设 $X \sim N(0, 1)$，$Y = X^2$，求 X 与 Y 的相关系数。

解 因为 $X \sim N(0, 1)$，故 $E(X) = 0$，于是由式（3.15），得

$$\text{Cov}(X,Y) = E(XY) = E(X^3) = \int_{-\infty}^{+\infty} x^3 \frac{1}{\sqrt{2\pi}} e^{-\frac{x^2}{2}} dx = 0,$$

故 $\text{Cov}(X, Y) = 0$，即 $\rho = 0$。

【例3】 设 (X, Y) 服从二维正态分布 $N(\mu_1, \mu_2, \sigma_1^2, \sigma_2^2, \rho)$，求 $\text{Cov}(X, Y)$。

解 $\text{Cov}(X,Y) = E\{[X - E(X)][Y - E(Y)]\}$

$$= \int_{-\infty}^{+\infty} \int_{-\infty}^{+\infty} [x - E(X)][y - E(Y)] f(x,y) dx dy$$

$$= \int_{-\infty}^{+\infty} \int_{-\infty}^{+\infty} (x - \mu_1)(y - \mu_2) \frac{1}{2\pi\sigma_1\sigma_2 \sqrt{1-\rho^2}} \cdot$$

$$\exp\left\{\frac{-1}{2(1-\rho^2)}\left[\left(\frac{x-\mu_1}{\sigma_1}\right)^2 - 2\rho\left(\frac{x-\mu_1}{\sigma_1}\right)\left(\frac{y-\mu_2}{\sigma_2}\right) + \left(\frac{y-\mu_2}{\sigma_2}\right)^2\right]\right\} dx dy,$$

令 $u = \dfrac{x-\mu_1}{\sigma_1}$，$v = \dfrac{y-\mu_2}{\sigma_2}$，得

$$\text{Cov}(X,Y) = \frac{\sigma_1\sigma_2}{2\pi \sqrt{1-\rho^2}} \int_{-\infty}^{+\infty} \int_{-\infty}^{+\infty} uv \cdot \exp\left[\frac{-1}{2(1-\rho^2)}(u_2 - 2\rho uv + v^2)\right] du dv$$

$$= \frac{\sigma_1\sigma_2}{\sqrt{2\pi}} \int_{-\infty}^{+\infty} v dv \frac{1}{\sqrt{2\pi(1-\rho^2)}} \cdot \int_{-\infty}^{+\infty} u \cdot \exp\left\{\frac{-1}{2(1-\rho^2)}[(u-\rho v)^2 + (1-\rho^2)v^2]\right\} du$$

$$= \frac{\sigma_1\sigma_2}{\sqrt{2\pi}} \int_{-\infty}^{+\infty} v e^{-\frac{v^2}{2}} dv \left\{\frac{1}{\sqrt{2\pi(1-\rho^2)}} \int_{-\infty}^{+\infty} u \cdot \exp\left[\frac{-1}{2(1-\rho^2)}(u-\rho v)^2\right] du\right\}$$

$$= \frac{\sigma_1\sigma_2}{\sqrt{2\pi}} \int_{-\infty}^{+\infty} \rho v^2 e^{-\frac{v^2}{2}} dv = \rho\sigma_1\sigma_2。$$

 第3章习题

1. 在下列句子中随机地取一单词，以 X 表示取到的单词所包含的字母个

数，写出 X 的分布律并求 $E(X)$。

"THE GIRL PUT ON HER BEAUTIFUL RED HAT"

2. 设篮球队 A 与 B 进行比赛，若有一队胜 4 场则宣告比赛结束。假定 A、B 两队在每场比赛中获胜的概率都是 $1/2$，试求需要比赛场数的数学期望。

3. 设 X 表示 10 次独立重复地射击命中目标的次数，每次射中目标的概率为 0.4，求 $E(X^2)$。

4. 设在某一规定时间间隔里，某电气设备用于最大负荷的时间 X（单位：min）是一个随机变量，其概率密度函数为

$$f(x) = \begin{cases} \dfrac{1}{(1500)^2}x, & 0 \leqslant x \leqslant 1500, \\ \dfrac{-1}{(1500)^2}(x-3000), & 1500 < x \leqslant 3000, \\ 0, & \text{其他}, \end{cases}$$

求 $E(X)$。

5. 设随机变量 X 的分布律为

X	-2	0	2
p_k	0.4	0.3	0.3

求 $E(X), E(X^2), E(3X^2+5)$。

6. 以 X 表示同时投掷的四枚硬币中出现正面的个数，求 $E(X)$ 和 $D(X)$。

7. 设随机变量 X 服从 $B(n, p)$ 分布，已知 $E(X) = 1.6$，$D(X) = 1.28$，求参数 n 和 p。

8. 某产品的次品率为 0.1，检验员每天检查 4 次。每次随机地抽取 5 件产品进行检验，如果发现多于 1 件次品，就要调整机器，求一天中调整机器次数的概率分布、数学期望与方差。

9. 设随机变量 X 的概率密度函数为

$$f(x) = \begin{cases} e^{-x}, & x > 0, \\ 0, & x \leqslant 0。 \end{cases}$$

求：（1）$Y = 2X$ 的数学期望；（2）$Y = e^{-2X}$ 的数学期望。

10. 设随机变量 X 的概率密度函数为

$$f(x) = \begin{cases} \dfrac{2}{\pi}\cos^2 x, & |x| \leqslant \dfrac{\pi}{2}, \\ 0, & |x| > \dfrac{\pi}{2}。 \end{cases}$$

求 $E(X)$ 和 $D(X)$。

11. 设随机变量 X 的概率密度函数为

$$f(x) = \begin{cases} ax, & 0 < x < 2, \\ cx + b, & 2 \leqslant x \leqslant 4, \\ 0, & \text{其他}。 \end{cases}$$

已知 $E(X) = 2$，$P\{1 < X < 3\} = \dfrac{3}{4}$。求：（1）$a$、$b$、$c$ 的值；（2）求随机变量 $Y = e^X$ 的数学期望和方差。

12. 已知球的直径 X 服从均匀分布 $U(a, b)$，求球的体积 Y 的数学期望。

13. 设随机变量 (X, Y) 的分布律为

Y \ X	1	2	3
-1	0.2	0.1	0
0	0.1	0	0.3
1	0.1	0.1	0.1

（1）求 $E(X)$ 和 $E(Y)$；（2）设 $Z = Y/X$，求 $E(Z)$；（3）设 $Z = (X - Y)^2$，求 $E(Z)$。

14. 设随机变量 (X, Y) 的联合概率密度函数为

$$f(x,y) = \begin{cases} 12y^2, & 0 \leqslant y \leqslant x \leqslant 1, \\ 0, & \text{其他}。 \end{cases}$$

试求 $E(X)$，$E(Y)$，$E(XY)$，$E(X^2 + Y^2)$。

15. 设随机变量 X 服从指数分布，其概率密度为

$$f(x) = \begin{cases} \dfrac{1}{\theta} e^{-x/\theta}, & x > 0, \\ 0, & x \leqslant 0, \end{cases}$$

其中，$\theta > 0$ 是常数。求 $E(X)$ 和 $D(X)$。

16. 设随机变量 X 与 Y 相互独立，$X \sim N\left(1, \dfrac{1}{4}\right)$，$Y \sim N\left(1, \dfrac{3}{4}\right)$，求 $E(|X - Y|)$。

17. 设随机变量 (X, Y) 的分布律为

Y \ X	-1	0	1
-1	1/8	1/8	1/8
0	1/8	0	1/8
1	1/8	1/8	1/8

求：(1) $E(X)$，$E(Y)$，$D(X)$，$D(Y)$；(2) ρ_{XY}；(3) $D(X+Y)$；(4) X 与 Y 是否相互独立？

18. 设随机变量 $(X，Y)$ 的概率密度函数为

$$f(x,y) = \begin{cases} 1, & |y| < x, 0 < x < 1, \\ 0, & \text{其他}。 \end{cases}$$

求 $E(X)$，$E(Y)$，$\text{Cov}(X，Y)$。

19. 设随机变量 $(X，Y)$ 的概率密度函数为

$$f(x,y) = \begin{cases} \dfrac{1}{8}(x+y), & 0 \leqslant x \leqslant 2, 0 \leqslant y \leqslant 2, \\ 0, & \text{其他}。 \end{cases}$$

求 $E(X)$，$E(Y)$，$\text{Cov}(X，Y)$，ρ_{XY}，$D(X+Y)$。

20. 设随机变量 X 与 Y 相互独立，其概率密度分别为

$$f_X(x) = \begin{cases} 2x, & 0 < x < 1, \\ 0, & \text{其他} \end{cases} \text{和} f_Y(y) = \begin{cases} e^{-(y-5)}, & y > 5, \\ 0, & \text{其他}。 \end{cases}$$

求 $E(XY)$。

21. 设 $D(X) = 4$，$D(Y) = 9$，$\rho_{XY} = 0.5$，求 $D(2X - 3Y)$。

22. 二维随机变量 $(X，Y)$ 的联合分布律为

X \ Y	0	1
0	1/4	0
1	1/4	1/2

求 ρ_{XY}。

23. 设某原件的寿命 X（单位：h）是随机变量，分布函数已知，但其均值为 1000，方差为 2500。试用切比雪夫不等式估计该元件寿命介于 900h 到 1100h 之间的概率至少是多少？

第 **4** 章

统 计 估 值

4.1 数理统计的基本概念 ·····························

通过前面几章的学习，我们知道很多实际问题中的随机现象可以用随机变量来描述。而要弄清一个随机变量，可以用概率分布，或者至少也要知道它的数字特征（期望及方差）。那么在实际问题中如何才能知道一个随机变量的概率分布和数字特征？特别是，当我们对所要研究的随机变量知道不多或所知甚少的时候，怎样才能确定这个随机变量，以及在实际情况中需要处理什么样的问题呢？我们通过下面的例子来介绍数理统计要研究的问题和基本概念。

例如：某灯泡生产厂生产某型号灯泡，假定灯泡的寿命服从指数分布。在实际中，我们感兴趣的典型问题有（1）灯泡的平均寿命是多少？（2）作为使用单位，要求平均寿命能达到5000h。问该厂生产的灯泡能否被接受？

从前面几章的学习中，我们知道如果确定了灯泡所服从的指数分布中的参数 λ，那么平均寿命就是其数学期望 λ。这样也就回答了问题（1）。但在实际中 λ 往往是未知的。于是我们只好从这一大批灯泡中随机抽出若干个，并测出其寿命，再利用获得的数据来推断该厂生产的灯泡的平均寿命。问题（1）称为**参数估计问题**，我们将在本章后面几节详细讨论参数估计的方法。

问题（2）是要在两个决定中选择一个，就本例而言，就是要选择是接受该厂的灯泡还是拒绝。这类问题称为**假设检验问题**，我们将在下一章讨论。

解决上述两个问题都需要用到随机抽样。也就是从所研究的对象的全体中抽取一小部分来进行观察和研究，从而对整体进行推断。

与所研究的问题有关的对象的全体所构成的集合称为**总体**。**样本**是从总体中抽出的一部分个体，一般要求总体中的每一个个体都有同等的被抽出的机会。

从数学上说，总体就是一个随机变量 X，样本就是 n 个相互独立且与 X 有相同概率分布的随机变量 X_1，$\cdots$，X_n。每一次具体的抽样，所得的数据就是这 n 个随机变量的**值**（**样本值**），用 x_1，$\cdots$，x_n 表示。

完全由样本决定的量称为**统计量**。下面我们给出一些常用的统计量。

设 X_1，$\cdots$，X_n 是来自总体 X 的一个样本，x_1，$\cdots$，x_n 是该样本的**观察值**，n 称为**样本容量**。

定义 4.1

样本均值

$$\overline{X} = \frac{1}{n} \sum_{i=1}^{n} X_i ,$$

样本方差

$$S^2 = \frac{1}{n-1} \sum_{i=1}^{n} (X_i - \overline{X})^2 = \frac{1}{n-1} \left(\sum_{i=1}^{n} X_i^2 - n\overline{X}^2 \right),$$

样本标准差

$$S = \sqrt{S^2} = \sqrt{\frac{1}{n-1} \sum_{i=1}^{n} (X_i - \overline{X})^2},$$

样本 k 阶（**原点**）**矩**

$$A_k = \frac{1}{n} \sum_{i=1}^{n} X_i^k \, (k = 1, 2, \cdots),$$

样本 k 阶中心矩

$$B_k = \frac{1}{n} \sum_{i=1}^{n} (X_i - \overline{X})^k \, (k = 2, 3, \cdots),$$

它们的观察值分别为

$$\overline{x} = \frac{1}{n} \sum_{i=1}^{n} x_i,$$

$$s^2 = \frac{1}{n-1} \sum_{i=1}^{n} (x_i - \overline{x})^2 = \frac{1}{n-1} \left(\sum_{i=1}^{n} x_i^2 - n\overline{x}^2 \right),$$

$$s = \sqrt{\frac{1}{n-1} \sum_{i=1}^{n} (x_i - \overline{x})^2},$$

$$a_k = \frac{1}{n} \sum_{i=1}^{n} x_i^k \, (k = 1, 2, \cdots),$$

$$b_k = \frac{1}{n} \sum_{i=1}^{n} (x_i - \overline{x})^k \, (k = 2, 3, \cdots)。$$

这些观察值仍分别称为样本均值、样本方差、样本标准差、样本 k 阶矩、样本 k 阶中心矩。

4.2 参数的点估计 ∙∙∙∙∙∙∙∙∙∙∙∙∙∙∙∙∙∙∙∙∙∙∙∙∙∙∙∙∙∙∙∙∙∙∙∙

4.2.1 极大似然估计法

极大似然估计法是费希尔（R. A. Fisher）的研究结果。其思想可以通过下面的例子说明：

假设一个盒子里有许多黑球和白球，假定已知它们的数目之比是 3:1，但是不知道是黑球多还是白球多。即抽出一个黑球的概率或者是 1/4，或者是 3/4。如果有放回地从盒子里抽 3 个球，那么黑球的数目 X 服从二项分布 $P\{X=k\} = C_3^k p^k(1-p)^{3-k}$（$x=0,1,2,3$；$p=1/4$ 或 3/4），其中 p 是抽到黑球的概率。

现在我们希望能够根据样本来估计位置参数 p。我们需要在两个数字 1/4 和 3/4 中选一个。假设抽样后得到的样本中黑球的数目为 0，那么就应该估计 $p=1/4$。

这是因为当 $p=1/4$ 时，$p\{X=0\}=\dfrac{27}{64}$；当 $p=3/4$ 时，$P\{X=0\}=\dfrac{1}{64}$。所以具有 $X=0$ 的样本来自 $p=1/4$ 的总体的可能性要比来自 $p=3/4$ 的总体的可能性大。

下面，我们把上述极大似然估计法的想法一般化。设总体分布 $p(x;\theta)$ 是单个参数 θ 的函数，如果随机选取的随机变量 X 的 n 个观察值是 x_1，$\cdots$，x_n。那么观测到 X 的这 n 个观察值的概率是 $p(x_1,\cdots,x_n)=\prod\limits_{i=1}^{n}p(x_i;\theta)$。称样本值 x_1，$\cdots$，x_n 的联合概率为样本的似然函数 L。于是，应该选择使 L 达到最大的值作为 θ 的估计值。

从而求参数 θ 的极大似然估计的问题，就转化为求似然函数 $L(\theta)$ 的极值点的问题。一般来说，这个问题可以通过求解 $\dfrac{\mathrm{d}L(\theta)}{\mathrm{d}(\theta)}=0$ 来解决。然而，$L(\theta)$ 是 n 个函数的连乘积，求导数后形式比较复杂。于是一般转而求解

$$\frac{\mathrm{d}\ln L(\theta)}{\mathrm{d}\theta}=0,$$

这样做的原因是由于 $\ln x$ 是 x 的单调增函数，从而 $L(\theta)$ 和 $\ln L(\theta)$ 的极大值点相同。

上述思想还可以推广到似然函数 L 是多个参数的函数的情形。

假设总体 X 的分布中含有 k 个未知参数 θ_1，…，θ_k。此时，所得的似然函数是关于 θ_1，…，θ_k 的多元函数 $L(\theta_1,\ \cdots,\ \theta_k)$。求解方程组

$$\begin{cases} \dfrac{\partial \ln L(\theta_1,\theta_2,\cdots,\theta_k)}{\partial \theta_1} = 0, \\[2mm] \dfrac{\partial \ln L(\theta_1,\theta_2,\cdots,\theta_k)}{\partial \theta_2} = 0, \\[2mm] \qquad\qquad \vdots \\[2mm] \dfrac{\partial \ln L(\theta_1,\theta_2,\cdots,\theta_k)}{\partial \theta_k} = 0, \end{cases}$$

就可以得到 θ_1，…，θ_k 的估计值。

【例 1】 设总体 X 的分布律为 $\begin{pmatrix} 1 & 2 & 3 \\ 1-\theta^2 & \theta^2/2 & \theta^2/2 \end{pmatrix}$，其中，$0 < \theta < 1$，$\theta$ 为未知参数。现得一样本值 1，3，2，3。求 θ 的极大似然估计值。

解 设 X_1，X_2，X_3，X_4 是来自总体 X 的一个样本，而 $(x_1,x_2,x_3,x_4) = (1,3,2,3)$ 是一个样本值。

$$\begin{aligned} P\{(X_1,X_2,X_3,X_4)=(1,3,2,3)\} &= P\{X_1=1\}P\{X_2=3\}P\{X_3=2\}P\{X_4=3\} \\ &= P\{X=1\}P\{X=3\}P\{X=2\}P\{X=3\} \\ &= \frac{1}{8}\theta^6(1-\theta^2) = L(\theta), \end{aligned}$$

令 $\dfrac{\mathrm{d}}{\mathrm{d}\theta}\ln L(\theta) = \dfrac{6}{\theta} - \dfrac{2\theta}{1-\theta^2} = 0$，解得 $\hat\theta = \dfrac{\sqrt{3}}{2}$，即为极大似然估计值。

【例 2】 设 x_1，…，x_n 是从指数分布总体 X 中抽出的样本观测值，求参数 λ 的极大似然估计。

解 X 的概率密度函数为 $f(x) = \begin{cases} \dfrac{1}{\lambda}\mathrm{e}^{-\frac{x}{\lambda}}, & 0 \leqslant x < +\infty。\\[2mm] 0, & x > 0。\end{cases}$

于是 $L(\lambda) = \dfrac{1}{\lambda^n}\mathrm{e}^{-\sum\limits_{i=1}^{n}(x_i/\lambda)}$，

取对数，得 $\ln L(\lambda) = -\sum\limits_{i=1}^{n}(x_i/\lambda) - n\ln\lambda$，

于是 $\dfrac{\mathrm{d}\ln L}{\mathrm{d}\lambda} = \dfrac{\sum\limits_{i=1}^{n}x_i}{\lambda^2} - \dfrac{n}{\lambda} = 0$，解得 $\hat\lambda = \dfrac{\sum\limits_{i=1}^{n}x_i}{n} = \bar{x}$。

因此 λ 的极大似然估计是样本均值。

4.2.2 矩估计法

上节的极大似然估计法要求已知分布密度，但在实际问题中有时分布密度不易求解。好在许多实际问题里只要求对随机变量的一些数字特征有一个恰当的估计值就够了。下面我们介绍期望和方差的点估计，并由此引出矩估计法。

考虑一般性问题：如何去估计一个随机变量 X 的期望。

我们已经知道期望 $E(X)$ 是代表随机变量取值的"平均水平"，不难想到，可以把样本值的平均值 $\dfrac{x_1 + x_2 + \cdots + x_n}{n}$ 当作 $E(X)$ 的估计值。而把样本均值 $\overline{X} = \dfrac{X_1 + X_2 + \cdots + X_n}{n}$ 当作 $E(X)$ 的估计量。

虽然样本均值是随机变量，其取值随样本值而变化，但通过计算可知 $E(\overline{X}) = E(X)$。也就是说用样本均值作为 $E(X)$ 的估计量没有"系统偏差"。

对于方差而言，$D(X)$ 描述的是随机变量 X 取值的分散程度，也就是 X 取值偏离 $E(X)$ 的程度。设 X 的样本值是 x_1，x_2，$\cdots$，x_n，这些数的大小不一的程度（分散性）反映了 X 取值的分散程度。可以用 $s^2 = \dfrac{1}{n-1} \sum\limits_{i=1}^{n} (x_i - \overline{x})^2$ 来描述 x_1，x_2，$\cdots$，x_n 大小不一的程度。也就是说，可以用样本方差 S^2 作为总体方差的估计量。注意到，$E(S^2) = D(X)$，即用样本方差 S^2 作为总体方差的估计量也是没有"系统偏差"的。

将上述方法的思想一般化后就是矩估计法。矩估计法是皮尔逊（Pearson）在 19 世纪末到 20 世纪初的一系列文章中引进的。这个方法的一般步骤如下。

设总体分布为 $p(x; \theta_1, \cdots, \theta_l)$，其中 θ_1，$\cdots$，θ_l 为未知参数。若总体的 k 阶原点矩 $\mu^k (1 \le k \le l)$ 存在，则它也是 θ_1，$\cdots$，θ_l 的函数，即 $\mu^k = \mu^k(\theta_1, \cdots, \theta_l)$ $(1 \le k \le l)$。

设 $A_k = \dfrac{1}{n} \sum\limits_{i=1}^{n} X_i^k (k = 1, 2, \cdots)$ 为样本 k 阶（原点）矩。如果由方程组

$$
\begin{cases}
\mu_1(\theta_1, \theta_2, \cdots, \theta_l) = A_1, \\
\mu_2(\theta_1, \theta_2, \cdots, \theta_l) = A_2, \\
\quad\quad\quad \vdots \\
\mu_l(\theta_1, \theta_2, \cdots, \theta_l) = A_l,
\end{cases}
$$

$$
\begin{cases}
\hat{\theta}_1 = \hat{\theta}_1(X_1, \cdots, X_n), \\
\hat{\theta}_2 = \hat{\theta}_2(X_1, \cdots, X_n), \\
\quad\quad\quad \vdots \\
\hat{\theta}_l = \hat{\theta}_l(X_1, \cdots, X_n),
\end{cases}
$$

可求出

就以 $\hat{\theta}_i$ 作为 θ_i 的估计。称 $\hat{\theta}_i = \hat{\theta}_i(X_1, X_2, \cdots, X_n)$ 为参数 $\theta_i(1 \leqslant i \leqslant l)$ 的**矩估计量**，$\hat{\theta}_i = \hat{\theta}_i(x_1, x_2, \cdots, x_n)$ 为参数 θ_i 的**矩估计值**。

【例3】 总体 X 的分布律为 $\begin{pmatrix} 1 & 2 & 3 \\ 1 - \theta^2 & \theta^2/2 & \theta^2/2 \end{pmatrix}$，其中 $0 < \theta < 1$，θ 为未知参数。现得一样本值 1，3，2，3。求 θ 的矩估计值。

解 设 X_1，X_2，X_3，X_4 是总体 X 的一个样本，而 $(x_1, x_2, x_3, x_4) = (1, 3, 2, 3)$ 是一个样本值。

计算可得 $\overline{X} = \dfrac{1}{4}\sum_{i=1}^{4} X_i, \bar{x} = \dfrac{9}{4}$。

总体一阶矩 $E(X) = 1 + \dfrac{3}{2}\theta^2$，样本一阶矩 $A_1 = \overline{X}$。

令 $1 + \dfrac{3}{2}\theta^2 = A_1$，可求出 $\hat{\theta} = \sqrt{\dfrac{2}{3}(A_1 - 1)} = \sqrt{\dfrac{2}{3}(\overline{X} - 1)}$。

于是，矩估计值 $\hat{\theta} = \sqrt{\dfrac{2}{3}(\bar{x} - 1)} = \sqrt{\dfrac{5}{6}}$。

【例4】 体 X 概率密度为 $f(x) = \begin{cases} (\theta + 1)x^\theta, & 0 < x < 1, \\ 0, & \text{其他}, \end{cases}$ 其中，$\theta > -1$ 为未知参数。求 θ 的矩估计。

解 设 X_1，$\cdots$，X_n 是总体 X 的一个样本。x_1，$\cdots$，x_n 为样本值。

总体一阶矩为

$$
E(X) = \int_{-\infty}^{+\infty} x f(x)\,dx = \int_0^1 (\theta + 1) x^{\theta+1}\,dx = \frac{\theta + 1}{\theta + 2}。
$$

令 $E(X) = A_1$，解得 $\hat{\theta} = \dfrac{2\overline{X} - 1}{1 - \overline{X}}$ 为矩估计量，$\hat{\theta} = \dfrac{2\bar{x} - 1}{1 - \bar{x}}$ 为矩估计值。

4.3 区间估计 ••••••••••••••••••••••••••••••••

如前所述，点估计是使用一个点（一个数）去估计未知参数。而区间估计则是用一个区间去估计未知参数，即把未知参数值估计在某两个界限之间。

下面我们介绍由美国统计学家奈曼（Neyman）所建立的区间估计理论。假设总体 X 只包含一个未知参数 θ，且要估计 θ。设 $X_1, \cdots, X_n$ 是来自总体 X 的一个样本。所谓 θ 的区间估计，就是以满足条件 $\hat{\theta}_1(X_1, \cdots, X_n) \leq \hat{\theta}_2(X_1, \cdots, X_n)$ 的两个统计量 $\hat{\theta}_1$ 和 $\hat{\theta}_2$ 为端点的区间 $[\hat{\theta}_1, \hat{\theta}_2]$ 来估计 θ。一旦有了样本，就可以把 θ 估计在区间 $[\hat{\theta}_1(X_1, \cdots, X_n), \hat{\theta}_2(X_1, \cdots, X_n)]$ 上。自然地，我们也希望：

（1）估计的可靠性尽可能高，即 θ 落在 $[\hat{\theta}_1, \hat{\theta}_2]$ 内的可能性尽可能大，也就是 $P\{\hat{\theta}_1(X_1, \cdots, X_n) \leq \theta \leq \hat{\theta}_2(X_1, \cdots, X_n)\}$ 尽可能大。

（2）估计的精度尽可能高，即区间的长度 $\hat{\theta}_2 - \hat{\theta}_1$ 尽可能小。

但是这两点是相互矛盾的。奈曼所提出的并为现今广泛接受的原则是：先保证可靠度，再在这个前提下尽量提高精度。

区间 $[\hat{\theta}_1, \hat{\theta}_2]$ 称为**置信区间**，其包含被估参数的概率（抽样前）$P\{\hat{\theta}_1(X_1, \cdots, X_n) \leq \theta \leq \hat{\theta}_2(X_1, \cdots, X_n)\}$ 称为**置信系数**，记为 $1-\alpha$。

由于在实际应用中正态随机变量广泛存在，因此我们重点介绍正态随机变量的区间估计。

假设总体 X 服从正态分布 $N(\mu, \sigma^2)$，其中 $X_1, \cdots, X_n$ 为一个样本，$x_1, \cdots, x_n$ 为样本值。下面我们介绍 σ^2 已知时，对 μ 的区间估计。

由于 $\dfrac{\overline{X} - \mu}{\sigma/\sqrt{n}} \sim N(0, 1)$，对于给定的 α，有

$$P\left\{\left|\frac{\overline{X} - \mu}{\sigma/\sqrt{n}}\right| < z_{\alpha/2}\right\} = 1 - \alpha,$$

即

$$P\left\{\overline{X} - z_{\alpha/2}\frac{\sigma}{\sqrt{n}} < \mu < \overline{X} + z_{\alpha/2}\frac{\sigma}{\sqrt{n}}\right\} = 1 - \alpha,$$

所以 μ 的置信系数为 $1-\alpha$ 的置信区间为

$$\left(\overline{X} - z_{\alpha/2}\frac{\sigma}{\sqrt{n}}, \overline{X} + z_{\alpha/2}\frac{\sigma}{\sqrt{n}}\right).$$

【例】 从 $X \sim N(\mu, 1)$ 中抽取容量为 100 的样本，算得样本均值 $\overline{x} = 8$。求 μ 的置信系数为 0.95 的置信区间。

解 由于 $\sigma^2 = 1$ 已知，所以 μ 的置信系数为 $1-\alpha$ 的置信区间为

$$\left(\overline{X} - z_{\alpha/2}\frac{\sigma}{\sqrt{n}}, \overline{X} + z_{\alpha/2}\frac{\sigma}{\sqrt{n}}\right)_\circ$$

又 $\alpha = 0.05$，$z_{\alpha/2} = z_{0.025} = 1.96$，$\overline{x} = 8$，$n = 100$，$\sigma = 1$ 求得置信区间为（7.804，8.196）。

第4章习题

1. 设有下列样本值：0.497，0.506，0.518，0.524，0.488，0.510，0.510，0.515，0.512。
求 $\overline{x}$ 和 s^2。

2. 设总体的概率密度函数为 $f(x) = \begin{cases} \lambda e^{-\lambda x}, & x \geq 0 \\ 0, & x < 0 \end{cases}$ $(\lambda > 0)$，

从 X 中抽取 10 个个体，得到如下数据：

1050，1100，1080，1200，1300，1250，1340，1060，1150，1150。
求未知参数 λ 的极大似然估计值。

3. 设总体 $X \sim U(0, \theta)$，$X_1, \cdots, X_n$ 是来自 X 的样本，求 θ 的极大似然估计量。

4. 设总体 X 服从 $[0, b]$ 上的均匀分布，其中 b 未知，$X_1, \cdots, X_n$ 是来自 X 的样本。求 b 的矩估计量。

5. 设总体 X 服从为均值 μ，方差为 σ^2 的正态分布，μ 和 σ^2 未知，$X_1, \cdots, X_n$ 是来自 X 的样本。求 μ 和 σ^2 的矩估计量。

6. 某车间生产钢珠，可以认为钢珠直径 X 服从正态分布。从某天生产的产品中随机抽取 6 个，直径分别为 15.32，15.21，14.90，14.70，14.91，15.32。估计该天生产的产品的直径的平均值。如果知道该天产品的直径的方差是 0.05，求平均直径的置信系数为 0.95 的置信区间。

第 5 章

假设检验

我们通过下面的例子来介绍假设检验的问题提法，以及假设检验的思想。

【例】 通常情况下，某厂生产的食盐每袋重量（单位：kg）服从 $N(0.5, 0.015^2)$。某天随机抽取 9 袋食盐，算得平均重量为 $\bar{x} = 0.511$。那么这天该厂的生产机器是否正常工作？

根据以往的生产记录，可以认为某天随机抽取的 9 个样本是来自正态总体 $X \sim N(\mu, 0.015^2)$，只是它的均值可能有些变化。所谓"机器工作正常"就是指 $\mu = 0.5$，而"机器工作不正常"则是指 $\mu \neq 0.5$。为了判断机器是否正常工作，我们对 X 提一个假设 $H_0: \mu = 0.5$，对立假设为 $H_1: \mu \neq 0.5$，需要根据样本来判断是接受 H_0，还是拒绝 H_0，转而接受 H_1。这里 H_0 称为**原假设**，H_1 称为**备择假设**。

我们知道，通过样本均值的观测值 $\bar{x}$ 可以给出总体均值 μ 的一个良好的估计值。因此，若 H_0 成立，则观测值 $|\bar{x} - \mu| = |\bar{x} - 0.5|$ 不会很大，它应该是比较小的。所以，一旦由样本值计算出的 $|\bar{x} - \mu| = |\bar{x} - 0.5|$ 太大了，就应该拒绝 H_0，转而接受 H_1。于是，我们希望找到一个临界值 k，当 H_0 成立时，随机事件 $|\bar{x} - 0.5| > k$ 是不太可能发生的，也就是说它是一个小概率事件，将其概率记为 α。当 H_0 成立时，$P\{|\bar{x} - 0.5| > k\} = \alpha$。称 α 为**显著性水平**。

对于上述例子，我们选择 $\alpha = 0.05$。记 $\mu_0 = 0.5$，$\sigma = 0.015$，$n = 9$。

由

$$\bar{X} = \frac{1}{n} \sum_{i=1}^{n} X_i \sim N\left(\mu_0, \frac{\sigma^2}{n}\right),$$

$$U = \frac{\bar{X} - \mu_0}{\sigma / \sqrt{n}} \sim N(0, 1),$$

可知

$$P\{|U| > z_{\alpha/2}\} = P\left\{|\overline{X} - \mu_0| > z_{\alpha/2} \cdot \frac{\sigma}{\sqrt{n}}\right\} = \alpha。$$

于是 $k = z_{\alpha/2} \cdot \frac{\sigma}{\sqrt{n}}$。根据样本值，计算 $\overline{X} - \mu_0$，如果 $|\overline{X} - \mu_0| > z_{\alpha/2} \cdot \frac{\sigma}{\sqrt{n}}$，就拒绝 H_0；如果 $|\overline{X} - \mu_0| \leqslant z_{\alpha/2} \cdot \frac{\sigma}{\sqrt{n}}$，就接受 H_0。

等价地，如果 $\frac{|\overline{X} - \mu_0|}{\sigma/\sqrt{n}} > z_{\alpha/2}$，即如果

$$\frac{\overline{X} - \mu_0}{\sigma/\sqrt{n}} \in (-\infty, -z_{\alpha/2}) \cup (z_{\alpha/2}, +\infty),$$

就拒绝 H_0；如果 $\frac{|\overline{X} - \mu_0|}{\sigma/\sqrt{n}} \leqslant z_{\alpha/2}$，就接受 H_0。称 $(-\infty, -z_{\alpha/2}) \cup (z_{\alpha/2}, +\infty)$ 为 H_0 的拒绝域。

代入数据计算得 $z_{\alpha/2} = 1.96$，故拒绝域为 $(-\infty, -1.96) \cup (1.96, +\infty)$。而 $\frac{|\overline{x} - \mu_0|}{\sigma/\sqrt{n}} = 2.2$ 落在拒绝域中，所以应拒绝 H_0，接受 H_1，即认为该天机器工作不正常。

通过上例的分析可知，假设检验的基本思想是**实际推断原理**——小概率事件在一次试验中几乎是不可能发生的。

假设检验的基本步骤如下：

（1）根据实际问题的要求，提出原假设 H_0 及备择假设 H_1；

（2）选取适当的显著性水平 α，以及样本容量 n；

（3）构造检验统计量 U。要求当 H_0 为真时，U 的分布已知。找出临界值 k 使 $P\{|U| > k\} = \alpha$，确定 H_0 的拒绝域；

（4）通过抽样来计算检验统计量 U 的观察值；

（5）若 U 的观察值落入拒绝域内，则拒绝 H_0，接受 H_1；否则，接受 H_0。

回顾上面的例子，当 $\frac{|\overline{X} - \mu_0|}{\sigma/\sqrt{n}} > z_{\alpha/2}$ 时，拒绝 H_0，当 H_0 为真时，这是一个小概率事件，按照实际推断原理，小概率事件在一次抽样中几乎是不可能发生的。因此一旦抽样结果使得 $\frac{|\overline{X} - \mu_0|}{\sigma/\sqrt{n}} > z_{\alpha/2}$ 发生了，那么就拒绝 H_0。但是，小概率事件并不是不可能事件，由于样本具有随机性，即使 H_0 为真，还是有可能

使得 $\dfrac{|\overline{X}-\mu_0|}{\sigma/\sqrt{n}}>z_{\alpha/2}$ 发生，此时若我们拒绝 H_0 就会发生错误，这类错误称为**第一类错误**，也就是"弃真"的错误。可以看出第一类错误发生的概率为

$$P\{拒绝\ H_0\,|\,H_0\ 为真\}=\alpha。$$

还有另一种错误是当 H_0 不真时，样本的观测值落到了拒绝域外，按给定的检验法则，我们却接受了 H_0，这种错误称为**第二类错误**，也就是"受伪"的错误，其发生的概率为

$$P\{接受\ H_0\,|\,H_0\ 为假\}=\beta。$$

由于抽样的随机性，不可能完全排除上述两类错误的发生，并且当样本容量确定后，犯两类错误的概率不可能同时减少，其中一个减少，另一个就有增大的趋势。在慎重地选择了原假设后，我们只控制犯第一类错误的概率，而不考虑第二类错误的概率，这类假设检验问题称为**显著性检验问题**。

总结上述例子得到，当 σ^2 已知时对期望 μ 的 U 检验法。原假设为 $H_0:\mu=\mu_0$，备择假设为 $H_1:\mu\neq\mu_0$；选择的检验统计量为 $U=\dfrac{\overline{X}-\mu_0}{\sigma/\sqrt{n}}\sim N(0,1)$，$H_0$ 的拒绝域为 $\left|\dfrac{\overline{X}-\mu_0}{\sigma/\sqrt{n}}\right|>z_{\alpha/2}$。

 第5章习题

1. 设 H_0 为原假设，H_1 为备择假设，若显著性水平为 α，则（　　　）

A. $P\{接受\ H_0\,|\,H_0\ 为真\}=\alpha$

B. $P\{接受\ H_1\,|\,H_1\ 为真\}=\alpha$

C. $P\{拒绝\ H_0\,|\,H_0\ 为真\}=\alpha$

D. $P\{接受\ H_0\,|\,H_1\ 为真\}=\alpha$

2. 从正态总体 $N(\mu,1)$ 中抽取 100 个样品，计算得 $\overline{x}=5.32$，试问 $\alpha=0.01$ 时能否接受假设 $\mu=5$？

3. 某工厂生产一种钢索，其断裂强度 $X\sim N(\mu,40^2)$。从产品中抽取一个容量为 9 的样本，得 $\overline{x}=780$。能否就此认为这批钢索的断裂强度为 800？（取 $\alpha=0.05$）

部分习题答案

第 1 章习题答案

1. 解：（1）不正确；（2）不正确；（3）正确；（4）不正确。

2. 解：（1）不相同；（2）不相同；（3）相同；（4）不相同。

3. 解：每一封信都有四种投法，因此根据乘法原理，共有 $4 \times 4 \times 4 = 4^3 = 64$ 种方法，即共 64 种投法。

4. 解：$S = \{$（正，正），（正，反），（反，正），（反，反）$\}$；

$A = \{$（正，正），（正，反）$\}$；

$B = \{$（正，正），（反，反）$\}$；

$C = \{$（正，正），（正，反），（反，正）$\}$。

5. 解：（1）表示两次抽取中至少又一次取到黑球。

（2）表示第一次取到黑球且第二次取到白球。

（3）$\overline{AB}$。

（4）$A\overline{B} + \overline{A}B$。

6. 解：样本空间分别为

（1）用 H 表示正面，用 T 表示反面，解为 $\{HH, HT, TT, TH\}$；

（2）$\{2, 3, \cdots, 12\}$；

（3）$\{10, 11, 12, \cdots\}$；

（4）$\{0, 1, 2, \cdots\}$；

（5）$\{x \mid 0 \leqslant x < +\infty\}$。

7. 解：样本空间 $S = \{1, 2, 3, 4, 5, 6\}$，$A = \{2, 4, 6\}$，$B = \{1, 3, 5\}$，$C = \{1, 2, 3, 4\}$，$D = \{2, 4\}$. $D \subset A$，$D \subset C$，$\overline{A} = B$，$B \cap D = \varnothing$。

8. 解：（1）$A_1\overline{A_2} \cdot \overline{A_3}$

（2）$A_1 \overline{A_2} \cdot \overline{A_3} \cup \overline{A_1} A_2 A_3 \cup \overline{A_1} \cdot \overline{A_2} A_3$

（3）$\overline{A_1} \cdot \overline{A_2} \cdot \overline{A_3}$

（4）$A_1 \cup A_2 \cup A_3$ 或 $\overline{\overline{A_1}\,\overline{A_2}\,\overline{A_3}}$

（5）$A_1 A_2 \overline{A_3} \cup A_1 \overline{A_2} A_3 \cup \overline{A_1} A_2 A_3 \cup A_1 A_2 A_3$ 或 $A_1 A_2 \cup A_1 A_3 \cup A_2 A_3$

9. 解：$P(ABC) = P(AB + C) - P(AB \cup C) \geqslant P(AB) + P(C) - 1$
$$= P(A) + P(B) + P(C) - 1 - P(A \cup B) \geqslant P(A) + P(B) + P(C) - 2$$

10. 解：$P(B) = 1 - P(A) = 1 - p$

11. 解：（1）0.75　　　　　（2）0.35

12. 解：$1 - [P(A) - P(A - B)]$

13. 解：70%

14. 解：$P = \dfrac{C_{95}^{50} + C_5^1 C_{94}^{49}}{C_{100}^{50}}$

15. 解：样本点总数为 $n = 9^6$

（1）0.11　　　　　（2）$\dfrac{4^6}{9^6} = 0.0077$　　　　　（3）$\dfrac{C_6^4 8^2}{9^6} = 0.0018$

16. 解：（1）$\dfrac{12}{35}$　　　　　（2）$\dfrac{22}{35}$

17. 解：（1）$P(A_1) = \dfrac{6}{16}$　　（2）$P(A_2) = \dfrac{9}{16}$　　（3）$P(A_3) = \dfrac{1}{16}$

18. 解：（1）$\dfrac{5}{6}$　　　　　（2）$\dfrac{2}{3}$

19. 解：0.5

20. 解：$\dfrac{9}{1078}$

21. 解：$\dfrac{7}{30}$

22. 解：0.0345

23. 解：$\dfrac{0.01 \times 0.998}{0.95 \times 0.002 + 0.01 \times 0.998} \approx 0.8401$

24. 解：0.9

25. 解：0.2

26. 解：3 个事件 A，B，C 两两独立，但 A，B，C 不相互独立。

27. 解：$1 - (1 - 0.004)^{100}$

28. 解：$P(A) = \dfrac{1}{4}$

第2章习题答案

1. 解：(1) X_1 的可能值为 1，2，…，6；

(2) X_2 的可能值为 1，2，…，6；

(3) X_3 的可能值为 2，3，…，12；

(4) X_4 的可能值为 -5，-4，-3，-2，-1，0，1，2，3，4，5。

2. 解：X 的可能值为 0，1，2，3，4，且它们出现的概率分别为

$$P\{X=0\}=\frac{1}{16},\ P\{X=1\}=\frac{1}{4},\ P\{X=2\}=\frac{3}{8},\ P\{X=3\}=\frac{1}{4},\ P\{X=4\}=\frac{1}{16}。$$

3. 解：(1) $P\{X_1=1\}=P\{\text{两次均为 1 点}\}=\frac{1}{36}$，

$P\{X_1=2\}=P\{\text{出现}(1,2),(2,1),(2,2)\}=\frac{3}{36}=\frac{1}{12}$，

$P\{X_1=3\}=P\{\text{出现}(1,3),(2,3),(3,3),(3,2),(3,1)\}=\frac{5}{36}$，

同理，$P\{X_1=4\}=\frac{7}{36}$，$P\{X_1=5\}=\frac{9}{36}=\frac{1}{4}$，$P\{X_1=6\}=\frac{11}{36}$。

(2) $P\{X_2=1\}=\frac{11}{36}$，$P\{X_2=2\}=\frac{9}{36}=\frac{1}{4}$，$P\{X_2=3\}=\frac{7}{36}$，

$P\{X_2=4\}=\frac{5}{36}$，$P\{X_2=5\}=\frac{3}{36}=\frac{1}{12}$，$P\{X_2=6\}=\frac{1}{36}$。

(3) $P\{X_3=2\}=\frac{1}{36}$，$P\{X_3=3\}=\frac{2}{36}=\frac{1}{18}$，$P\{X_3=4\}=\frac{3}{36}=\frac{1}{12}$，

$P\{X_3=5\}=\frac{4}{36}=\frac{1}{9}$，$P\{X_3=6\}=\frac{5}{36}$，$P\{X_3=7\}=\frac{6}{36}=\frac{1}{6}$，

$P\{X_3=8\}=\frac{5}{36}$，$P\{X_3=9\}=\frac{4}{36}=\frac{1}{9}$，$P\{X_3=10\}=\frac{3}{36}=\frac{1}{12}$，

$P\{X_3=11\}=\frac{2}{36}=\frac{1}{18}$，$P\{X_3=12\}=\frac{1}{36}$。

(4) $P\{X_4=-5\}=\frac{1}{36}$，$P\{X_4=-4\}=\frac{2}{36}=\frac{1}{18}$，$P\{X_4=-3\}=\frac{3}{36}=\frac{1}{12}$，

$P\{X_4=-2\}=\frac{4}{36}=\frac{1}{9}$，$P\{X_4=-1\}=\frac{5}{36}$，$P\{X_4=0\}=\frac{6}{36}=\frac{1}{6}$，

$P\{X_4=1\}=\frac{5}{36}$，$P\{X_4=2\}=\frac{4}{36}=\frac{1}{9}$，$P\{X_4=3\}=\frac{3}{36}=\frac{1}{12}$，

$P\{X_4 = 4\} = \dfrac{2}{36} = \dfrac{1}{18}$，$P\{X_4 = 5\} = \dfrac{1}{36}$。

4. 解：（1）X 的可能值为 0，1，2，且它们出现的概率分别为

$$P\{X = 0\} = \frac{C_4^2}{C_8^2} = \frac{6}{28} = \frac{3}{14}，\quad P\{X = 1\} = \frac{C_4^1 C_4^1}{C_8^2} = \frac{16}{28} = \frac{4}{7}，\quad P\{X = 2\} = \frac{C_4^2}{C_8^2} = \frac{6}{28} = \frac{3}{14}。$$

（2）Y 的可能值为 -2，-1，0，1，2，4，且它们出现的概率分别为

$$P\{Y = -2\} = \frac{C_4^2}{C_8^2} = \frac{6}{28} = \frac{3}{14}，\quad P\{Y = -1\} = \frac{C_4^1 C_2^1}{C_8^2} = \frac{8}{28} = \frac{2}{7}，\quad P\{Y = 0\} = \frac{C_2^2}{C_8^2} = \frac{1}{28}，$$

$$P\{Y = 1\} = \frac{C_4^1 C_2^1}{C_8^2} = \frac{8}{28} = \frac{2}{7}，\quad P\{Y = 2\} = \frac{C_2^1 C_2^1}{C_8^2} = \frac{4}{28} = \frac{1}{7}，\quad P\{Y = 4\} = \frac{C_2^2}{C_8^2} = \frac{1}{28}。$$

5. 解：Y 的可能值为 1，2，3，4，5，6，8，9，10，12，15，16，18，20，24，25，30，36，且它们出现的概率分别为

$$P\{Y = 1\} = \frac{1}{36}，\quad P\{Y = 2\} = \frac{2}{36} = \frac{1}{18}，\quad P\{Y = 3\} = \frac{2}{36} = \frac{1}{18}，\quad P\{Y = 4\} = \frac{3}{36} = \frac{1}{12}，$$

$$P\{Y = 5\} = \frac{2}{36} = \frac{1}{18}，\quad P\{Y = 6\} = \frac{4}{36} = \frac{1}{9}，\quad P\{Y = 8\} = \frac{2}{36} = \frac{1}{18}，\quad P\{Y = 9\} = \frac{1}{36}，$$

$$P\{Y = 10\} = \frac{2}{36} = \frac{1}{18}，\quad P\{Y = 12\} = \frac{4}{36} = \frac{1}{9}，\quad P\{Y = 15\} = \frac{2}{36} = \frac{1}{18}，\quad P\{Y = 16\} = \frac{1}{36}，$$

$$P\{Y = 18\} = \frac{2}{36} = \frac{1}{18}，\quad P\{Y = 20\} = \frac{2}{36} = \frac{1}{18}，\quad P\{Y = 24\} = \frac{2}{36} = \frac{1}{18}，\quad P\{Y = 25\} = \frac{1}{36}$$

$$P\{Y = 30\} = \frac{2}{36} = \frac{1}{18}，\quad P\{Y = 36\} = \frac{1}{36}。$$

6. 解：X 的可能值为 1，2，3，4，且它们出现的概率分别为

$$P\{X = 1\} = \frac{C_7^1}{C_{10}^1} = \frac{7}{10}，\quad P\{X = 2\} = \frac{C_3^1 C_7^1}{A_{10}^2} = \frac{21}{90} = \frac{7}{30}，$$

$$P\{X = 3\} = \frac{A_3^2 C_7^1}{A_{10}^3} = \frac{7}{120}，\quad P\{X = 4\} = \frac{A_3^3 C_7^1}{A_{10}^4} = \frac{1}{120}。$$

7. 解：X 的可能值为 1，2，3，4，且它们出现的概率分别为

$$P\{X = 1\} = \frac{C_7^1}{C_{10}^1} = \frac{7}{10}，\quad P\{X = 2\} = \frac{3 \times 8}{10 \times 10} = \frac{6}{25}，$$

$$P\{X = 3\} = \frac{3 \times 2 \times 9}{10 \times 10 \times 10} = \frac{27}{500}，\quad P\{X = 4\} = \frac{3 \times 2 \times 1 \times 10}{10 \times 10 \times 10 \times 10} = \frac{3}{500}。$$

8. 解：X 的可能值为 1，2，3，…，且它们出现的概率满足下式

$$P\{X=k\}=\left(\frac{3}{10}\right)^{k-1}\frac{7}{10}\quad(k=1,2,\cdots)。$$

9. 解：$P\{X=1\}=\dfrac{C_5^1\times9!}{10!}=\dfrac{5}{10}=\dfrac{1}{2}$，$P\{X=2\}=\dfrac{C_5^1C_5^1\times8!}{10!}=\dfrac{5\times5}{10\times9}=\dfrac{5}{18}$，

$P\{X=3\}=\dfrac{A_5^2C_5^1\times7!}{10!}=\dfrac{5\times4\times5}{10\times9\times8}=\dfrac{5}{36}$，$P\{X=4\}=\dfrac{A_5^3C_5^1\times6!}{10!}=\dfrac{5\times4\times3\times5}{10\times9\times8\times7}=\dfrac{5}{84}$，

$P\{X=5\}=\dfrac{A_5^4C_5^1\times5!}{10!}=\dfrac{5\times4\times3\times2\times5}{10\times9\times8\times7\times6}=\dfrac{5}{252}$，

$P\{X=6\}=\dfrac{A_5^5C_5^1\times4!}{10!}=\dfrac{5\times4\times3\times2\times1\times5}{10\times9\times8\times7\times6\times5}=\dfrac{1}{252}$。

10. 解：设 5 个数为 $x_1<x_2<x_3<x_4<x_5$，记 Y 为 1 号分配到的数，则 $P\{Y=x_i\}=\dfrac{1}{5}$，$i=1,2,3,4,5$，记 X 为 1 号获胜的次数，则

$$P\{X=0\}=\sum_{i=1}^{5}P\{X=0\mid Y=x_i\}P\{Y=x_i\}=\frac{1}{5}\left(1+\frac{3}{4}+\frac{2}{4}+\frac{1}{4}+0\right)=\frac{1}{2}，$$

$$P\{X=1\}=\sum_{i=1}^{5}P\{X=1\mid Y=x_i\}P\{Y=x_i\}=\frac{1}{5}\left(0+\frac{1}{4}+\frac{1}{3}+\frac{1}{4}+0\right)=\frac{1}{6}，$$

$$P\{X=2\}=\sum_{i=1}^{5}P\{X=2\mid Y=x_i\}P\{Y=x_i\}=\frac{1}{5}\left(0+0+\frac{1}{6}+\frac{1}{4}+0\right)=\frac{1}{12}，$$

$$P\{X=3\}=\sum_{i=1}^{5}P\{X=3\mid Y=x_i\}P\{Y=x_i\}=\frac{1}{5}\left(0+0+0+\frac{1}{4}+0\right)=\frac{1}{20}，$$

$$P\{X=4\}=\sum_{i=1}^{5}P\{X=4\mid Y=x_i\}P\{Y=x_i\}=\frac{1}{5}(0+0+0+0+1)=\frac{1}{5}。$$

11. 解：设 X 为命中次数，则 $X\sim B(5,0.8)$。

（1）$P\{X=3\}=C_5^3\times0.8^3\times0.2^2=0.2048$。

（2）$P\{X\leqslant2\}=P\{X=0\}+P\{X=1\}+P\{X=2\}$
$$=C_5^0\times0.8^0\times0.2^5+C_5^1\times0.8\times0.2^4+C_5^2\times0.8^2\times0.2^3=0.05792。$$

（3）$P\{X\geqslant3\}=1-P\{X\leqslant2\}=1-0.05792=0.94208$。

或通过计算，得 $P\{X=4\}=0.4096$，$P\{X=5\}=0.32768$，则

$$P\{X\geqslant3\}=P\{X=3\}+P\{X=4\}+P\{X=5\}=0.94208。$$

12. 解：（1）由于 $X\sim P(5)$，故而 $P\{X=1\}=\dfrac{5^1\cdot e^{-5}}{1!}=5e^{-5}$。

（2）设应进货件数为 m，题意即已知 $P\{X\leqslant m\}>0.95$，求 m。

亦即求 m，使得 $P\{X>m\}\leqslant0.05$。

通过查泊松分布表（见附表3），得

$$\sum_{k=10}^{\infty} \frac{e^{-5} \cdot 5^k}{k!} = 0.032, \sum_{k=9}^{\infty} \frac{e^{-5} \cdot 5^k}{k!} = 0.068,$$

可得 $m+1=10$，因此 $m=9$。

13. 解：（1）$\int_0^4 Cx\mathrm{d}x = 1 \Rightarrow C = \frac{1}{8}$。

（2）$P\{-1 \leqslant X \leqslant 2\} = \int_{-1}^0 0\mathrm{d}x + \int_0^2 \frac{1}{8}x\mathrm{d}x = \frac{x^2}{16}\Big|_0^2 = \frac{1}{4}$。

14. 解：（1）$\int_{-1}^1 C(1-x^2)\mathrm{d}x = C\int_{-1}^1 (1-x^2)\mathrm{d}x = C\left(2 - \frac{x^3}{3}\Big|_{-1}^1\right) = \frac{4}{3}C = 1 \Rightarrow$

$C = \frac{3}{4}$。

（2）$P\{X>0\} = \int_0^1 \frac{3}{4}(1-x^2)\mathrm{d}x = \frac{3}{4}\left(1 - \frac{x^3}{3}\Big|_0^1\right) = \frac{2}{4} = \frac{1}{2}$。

（3）因为 $\int_{-1}^x \frac{3}{4}(1-t^2)\mathrm{d}t = \frac{3}{4}\left(x+1-\frac{t^3}{3}\Big|_{-1}^x\right) = \frac{3}{4}\left(x - \frac{x^3}{3} + \frac{2}{3}\right) = \frac{1}{4}(3x - x^3 + 2)$,

所以 X 的分布函数为

$$F(x) = \begin{cases} 0, & x < -1, \\ \frac{1}{4}(3x - x^3 + 2), & -1 \leqslant x < 1, \\ 1, & x \geqslant 1。 \end{cases}$$

15. 解：（1）$F(x) = \begin{cases} 0, & x < -1, \\ 0.3, & -1 \leqslant x < 0, \\ 0.7, & 0 \leqslant x < 1, \\ 1, & x \geqslant 1, \end{cases}$ 图形略。

（2）$P\{-1 \leqslant X \leqslant 0\} = F(0) - F(-1) + P\{X=-1\} = 0.7$ 或

$P\{-1 \leqslant X \leqslant 0\} = P\{X=-1\} + P\{X=0\} = 0.7$。

（3）由

X	-1	0	1
$Y=3X^2-1$	2	-1	2
p	0.3	0.4	0.3

可知

Y	-1	2
p	0.4	0.6

所以 $P\{Y \geq 1\} = P\{Y = 2\} = 0.6$。

16. 解：（1）

X	-1	2	3
p	0.25	0.5	0.25

（2）$P\{X = -1\} = 0.25, P\{X = 0\} = 0, P\{X = 2\} = 0.5$。

（3）$P\{X \leq 0.5\} = P\{X = -1\} = 0.25$,

$P\{2 < X \leq 3.5\} = P\{X = 3\} = 0.25$,

$P\{2 \leq X \leq 3.5\} = 0.5 + 0.25 = 0.75$。

17. 解：（1）$P\{X = 0\} = 0, P\{X = 1\} = \dfrac{1}{4}, P\{X = 2\} = \dfrac{1}{6}, P\{X = 3\} = \dfrac{1}{12}$。

（2）$P\left\{\dfrac{1}{2} < x < \dfrac{3}{2}\right\} = F\left(\dfrac{3}{2}\right) - F\left(\dfrac{1}{2}\right) + P\left\{X = \dfrac{3}{2}\right\} = \dfrac{5}{8} - \dfrac{1}{8} + 0 = \dfrac{1}{2}$。

18. 解：

（1）$\displaystyle\int_0^{0.5}(Cx^2 + x)\,\mathrm{d}x = C\left.\dfrac{x^3}{3}\right|_0^{0.5} + \left.\dfrac{x^2}{2}\right|_0^{0.5} = \dfrac{C}{24} + \dfrac{1}{8} = 1 \Rightarrow C = 21$。

（2）当 $x < 0$ 时, $F(x) = 0$;

当 $0 \leq x < 0.5$ 时, $F(x) = \displaystyle\int_0^x(21x^2 + x)\,\mathrm{d}x = 7x^3 + \dfrac{x^2}{2}$;

当 $x \geq 0.5$ 时, $F(x) = 1$。

（3）$P\left\{X < \dfrac{1}{3}\right\} = F\left(\dfrac{1}{3}\right) = \dfrac{7}{27} + \dfrac{1}{18} = \dfrac{17}{54}$。

（4）$P\left\{X > \dfrac{1}{6}\right\} = 1 - F\left(\dfrac{1}{6}\right) = 1 - \left(\dfrac{7}{216} + \dfrac{1}{72}\right) = \dfrac{103}{108}$。

19. 解：设容量为 a, X 表示每周销量。由 $P\{X \leq a\} \geq 0.99$ 易知，当 $a \geq 1$ 时，$P\{X \leq a\} = F(a) = \displaystyle\int_0^1 5(1-x)^4\,\mathrm{d}x = \left. -(1-x)^5 \right|_0^1 = 1$;

当 $0 < a < 1$ 时, $P\{X \leq a\} = F(a) = \displaystyle\int_0^a 5(1-x)^4\,\mathrm{d}x = \left. -(1-x)^5 \right|_0^a = 1 - (1-a)^5 \geq 0.99 \Rightarrow (1-a)^5 \leq 0.01 \Rightarrow 1 - a \leq \sqrt[5]{0.01} \Rightarrow a \geq 1 - \sqrt[5]{0.01}$,

所以，应有 $a \geqslant 1 - \sqrt[5]{0.01}$。

20. 解：

（1）$P\{2 < X \leqslant 5\} = \Phi\left(\dfrac{5-3}{2}\right) - \Phi\left(\dfrac{2-3}{2}\right) = \Phi(1) - \Phi\left(-\dfrac{1}{2}\right) = \Phi(1) + \Phi\left(\dfrac{1}{2}\right) - 1 = 0.5328$，

$$P\{-4 \leqslant X \leqslant 10\} = \Phi\left(\dfrac{10-3}{2}\right) - \Phi\left(\dfrac{-4-3}{2}\right) = 2\Phi\left(\dfrac{7}{2}\right) - 1 = 0.9996,$$

$$P\{|X| \geqslant 2\} = P\{X \geqslant 2\} + P\{X \leqslant -2\} = 1 - \Phi\left(\dfrac{2-3}{2}\right) + \Phi\left(\dfrac{-2-3}{2}\right)$$

$$= 1 - \Phi\left(-\dfrac{1}{2}\right) + \Phi\left(-\dfrac{5}{2}\right)$$

$$= \Phi\left(\dfrac{1}{2}\right) + 1 - \Phi\left(\dfrac{5}{2}\right) = 0.6977,$$

$P\{X > 3\} = \Phi(0) = 0.5$。

（2）$a = 3$（由密度函数关于 $\mu = 3$ 的对称性）。

（3）$P\{X > d\} \geqslant 0.9 \Rightarrow 1 - \Phi\left(\dfrac{d-3}{2}\right) \geqslant 0.9 \Rightarrow \Phi\left(\dfrac{d-3}{2}\right) \leqslant 0.1$

$$\Rightarrow \dfrac{d-3}{2} \leqslant -1.28 \Rightarrow d \leqslant 0.44。$$

21. 解：（1）否，不满足单调减；（2）否，不满足非负性；（3）否，不满足右连续性。

22. 解：（1）否，不满足非负性和单调非减性；（2）否，不满足连续性。

23. 解：（1）由连续性 $A + B \cdot 0 = 0 \Rightarrow A = 0$，又 $A + B \cdot 2 = 1 \Rightarrow B = \dfrac{1}{2}$。

（2）$f(x) = F'(X) = \begin{cases} \dfrac{1}{2}, & 0 \leqslant x \leqslant 2, \\ 0, & \text{其他。} \end{cases}$

24. 解：（1）$F_X(x) = \begin{cases} \dfrac{1}{2}, & 0 < x < 2, \\ 0, & \text{其他。} \end{cases}$

$$F_Y(y) = P\{Y \leqslant y\} = P\{2X + 1 \leqslant y\} = P\left\{X \leqslant \dfrac{y-1}{2}\right\} = F_X\left(\dfrac{y-1}{2}\right),$$

所以

$$f_Y(y) = f_X\left(\frac{y-1}{2}\right) \cdot \frac{1}{2} = \begin{cases} \dfrac{1}{4}, & 0 < \dfrac{y-1}{2} < 2, \\ 0, & \text{其他} \end{cases}$$

$$= \begin{cases} \dfrac{1}{4}, & 1 < y < 5, \\ 0, & \text{其他}。 \end{cases}$$

(2) $f_X(x) = \dfrac{1}{\sqrt{2\pi}} e^{-\frac{x^2}{2}}$

当 $z > 0$ 时，$F_Z(z) = P\{Z \leqslant z\} = P\{|X| \leqslant z\} = P\{-z \leqslant X \leqslant z\}$
$$= \Phi(z) - \Phi(-z) = 2\Phi(z) - 1;$$

当 $z \leqslant 0$ 时，$F_Z(z) = P\{|X| \leqslant z\} = 0$。

所以
$$f_Z(z) = \begin{cases} 2\varphi(z), & z > 0, \\ 0, & z \leqslant 0 \end{cases}$$

$$= \begin{cases} \dfrac{2}{\sqrt{2\pi}} e^{-\frac{z^2}{2}}, & z > 0, \\ 0, & z \leqslant 0。 \end{cases}$$

25. 解：(1) 由于 (X，Y) 的联合分布律为

X＼Y	1	2	3	
0	0.05	0.15	0.20	0.4
1	0.07	0.11	0.22	0.4
2	0.06	0.05	0.09	0.2
	0.18	0.31	0.51	

所以 X 与 Y 的边缘分布律分别为

X	0	1	2
p	0.4	0.4	0.2

Y	1	2	3
p	0.18	0.31	0.51

(2)
$$P\{X \leqslant 1, Y > 1\} = P\{X=0, Y=2\} + P\{X=0, Y=3\} + P\{X=1, Y=2\} + P\{X=1, Y=3\}$$
$$= 0.15 + 0.20 + 0.11 + 0.22 = 0.68,$$

$P\{X=Y\}=P\{X=1,Y=1\}+P\{X=2,Y=2\}=0.07+0.05=0.12$。

（3）由于 $P\{X=0,Y=1\}=0.05\neq P\{X=0\}P\{Y=1\}=0.4\times0.18$，故 X 与 Y 不相互独立；

（4）

(X,Y)	$(0,1)$	$(0,2)$	$(0,3)$	$(1,1)$	$(1,2)$	$(1,3)$	$(2,1)$	$(2,2)$	$(2,3)$
$2X+Y$	1	2	3	3	4	5	5	6	7
$\max(X,Y)$	1	2	3	1	2	3	2	2	3
$\min(X,Y)$	0	0	0	1	1	1	1	2	2
p	0.05	0.15	0.20	0.07	0.11	0.22	0.06	0.05	0.09

所以 $Z=2X+Y$ 的分布律为

$2X+Y$	1	2	3	4	5	6	7
p	0.05	0.15	0.27	0.11	0.28	0.05	0.09

$U=\max\{X,Y\}$ 的分布律为

$\max\{X,Y\}$	1	2	3
p	0.12	0.37	0.51

$V=\min\{X,Y\}$ 的分布律为

$\min(X,Y)$	0	1	2
p	0.4	0.46	0.14

26. 解：

X \ Y	y_1	y_2	y_3	$P\{X=x_i\}$
x_1	1/24	1/8	1/12	1/4
x_2	1/8	3/8	1/4	3/4
$P\{Y=y_j\}$	1/6	1/2	1/3	

27. 解：（1）

$$f_X(x)=\int_{-\infty}^{+\infty}f(x,y)\mathrm{d}y=\begin{cases}\displaystyle\int_0^2\frac{1}{4}\mathrm{d}y=\frac{1}{2},&-1\leqslant x\leqslant1,\\0,&\text{其他,}\end{cases}$$

$$f_Y(y) = \int_{-\infty}^{+\infty} f(x,y)\,\mathrm{d}x = \begin{cases} \int_{-1}^{1} \dfrac{1}{4}\mathrm{d}x = \dfrac{1}{2}, & 0 \leqslant y \leqslant 2, \\ 0, & \text{其他。} \end{cases}$$

（2）

$$P\{0 < X < 1, 0 < Y < 1\} = \int_0^1 \mathrm{d}x \int_0^1 \dfrac{1}{4}\mathrm{d}y = \dfrac{1}{4},$$

$$P\{Y < X\} = \int_0^1 \mathrm{d}x \int_0^x \dfrac{1}{4}\mathrm{d}y = \int_0^1 \dfrac{x}{4}\mathrm{d}x = \dfrac{1}{8}。$$

（3）由于 $f(x,y) = f_X(x)f_Y(y)$，所以 X 与 Y 相互独立。

28. 解：（1）

$$f_X(x) = \int_{-\infty}^{+\infty} f(x,y)\,\mathrm{d}y = \begin{cases} \int_0^x 3x\,\mathrm{d}y = 3x^2, & 0 \leqslant x \leqslant 1, \\ 0, & \text{其他。} \end{cases}$$

$$f_Y(y) = \int_{-\infty}^{+\infty} f(x,y)\,\mathrm{d}x = \begin{cases} \int_y^1 3x\,\mathrm{d}x = \dfrac{3}{2} - \dfrac{3}{2}y^2, & 0 \leqslant y \leqslant 1, \\ 0, & \text{其他。} \end{cases}$$

（2）由于 $f(x,y) \neq f_X(x)f_Y(y)$，所以 X 与 Y 不独立。

29. 解：

（1）$F_X(x) = \lim\limits_{y \to +\infty} F(x,y) = \begin{cases} \lim\limits_{y \to \infty}(1 - e^{-x} - e^{-2y} + e^{-x-2y}) = 1 - e^{-x}, & x > 0, \\ 0, & x \leqslant 0, \end{cases}$

$F_Y(y) = \lim\limits_{x \to +\infty} F(x,y) = \begin{cases} \lim\limits_{x \to \infty}(1 - e^{-x} - e^{-2y} + e^{-x-2y}) = 1 - e^{-2y}, & y > 0, \\ 0, & y \leqslant 0。 \end{cases}$

（2）由于 $F(x,y) = F_X(x)F_Y(y)$，所以 X 与 Y 相互独立。

第3章习题答案

1. X 的分布律为

X	2	3	4	9
p_k	$\dfrac{1}{8}$	$\dfrac{5}{8}$	$\dfrac{1}{8}$	$\dfrac{1}{8}$

$E(X) = \dfrac{15}{4}$。

2. 设需要的比赛场数为 X，则 X 的可能取值为 4，5，6，7。

$$P\{X = 4\} = \left(\dfrac{1}{2}\right)^4 + \left(\dfrac{1}{2}\right)^4 = \dfrac{1}{8},$$

$$P\{X = 5\} = \frac{1}{2}C_4^3\left(\frac{1}{2}\right)^3 \times \frac{1}{2} + \frac{1}{2}C_4^3 \frac{1}{2} \times \left(\frac{1}{2}\right)^3 = \frac{1}{4},$$

$$P\{X = 6\} = \frac{1}{2}C_5^3\left(\frac{1}{2}\right)^3\left(\frac{1}{2}\right)^2 + \frac{1}{2}C_5^3\left(\frac{1}{2}\right)^2\left(\frac{1}{2}\right)^3 = \frac{5}{16},$$

$$P\{X = 7\} = \frac{1}{2}C_6^3\left(\frac{1}{2}\right)^3\left(\frac{1}{2}\right)^3 + \frac{1}{2}C_6^3\left(\frac{1}{2}\right)^3\left(\frac{1}{2}\right)^3 = \frac{5}{16},$$

$$E(X) = 4 \times \frac{1}{8} + 5 \times \frac{1}{4} + 6 \times \frac{5}{16} + 7 \times \frac{5}{16} = \frac{93}{16} = 5.8125 \ （场）。$$

3. 18.4。

4. 1500min。

5. $E(X) = -0.2, E(X^2) = 2.8, E(3X^2 + 5) = 13.4$。

6. $E(X) = 2, D(X) = 1$。

7. $n = 8, p = 0.2$。

8. 以 X 表示取出 5 件产品中的次品数，则 $X \sim B(5, 0.1)$，则

$$p = P\{X > 1\} = 1 - P\{X = 0\} - P\{X = 1\} = 0.082,$$

设 Y 表示机器需要调整次数，则 $Y \sim B(4, 0.082)$，所以

$$E(Y) = 4 \times 0.082 = 0.328, D(Y) = 4 \times 0.082 \times (1 - 0.082) = 0.301104。$$

9. （1）2；（2）$\frac{1}{3}$。

10. $E(X) = \int_{-\infty}^{+\infty} xf(x)\,\mathrm{d}x = \int_{-\frac{\pi}{2}}^{\frac{\pi}{2}} x \cdot \frac{2}{\pi}\cos^2 x\,\mathrm{d}x = \frac{1}{\pi}\int_{-\frac{\pi}{2}}^{\frac{\pi}{2}} x(\cos 2x + 1)\,\mathrm{d}x$

$$= \frac{1}{\pi}\int_{-\frac{\pi}{2}}^{\frac{\pi}{2}} x\cos 2x\,\mathrm{d}x + \frac{1}{2\pi}x^2\Big|_{-\frac{\pi}{2}}^{\frac{\pi}{2}} = \frac{1}{\pi}\left(\frac{x}{2}\sin 2x\Big|_{-\frac{\pi}{2}}^{\frac{\pi}{2}} - \frac{1}{2}\int_{-\frac{\pi}{2}}^{\frac{\pi}{2}}\sin 2x\,\mathrm{d}x\right) + 0$$

$$= \frac{1}{\pi}\left(0 + \frac{1}{4}\cos 2x\Big|_{-\frac{\pi}{2}}^{\frac{\pi}{2}}\right) = 0$$

同理可计算

$$E(X^2) = \int_{-\infty}^{+\infty} x^2 f(x)\,\mathrm{d}x = \frac{\pi^2}{12} - \frac{1}{2}, \ 所以 \ D(X) = E(X^2) - [E(X)]^2 = \frac{\pi^2}{12} - \frac{1}{2}。$$

11. （1）$a = \frac{1}{4}, b = 1, c = -\frac{1}{4}$；（2）$E(Y) = \frac{1}{4}(e^2 - 1)^2, D(Y) = \frac{1}{4}e^2(e^2 - 1)^2$。

12. $E(Y) = \frac{\pi}{24}(b + a)(b^2 + a^2)$。

13. （1）$E(X) = 2$，$E(Y) = 0$；（2）$-\frac{1}{15}$；（3）5。

14. $E(X) = \dfrac{4}{5}$，$E(Y) = \dfrac{3}{5}$，$E(XY) = \dfrac{1}{2}$，$E(X^2 + Y^2) = \dfrac{16}{15}$。

15. $E(X) = \theta, D(X) = \theta^2$。

16. 因为 X 与 Y 相互独立，所以 $E(X-Y) = E(X) - E(Y) = 0$，$D(X-Y) = D(X) + D(Y) = 1$，令 $Z = X - Y$，则 $Z \sim N(0,1)$，

$$E(|X-Y|) = E(|Z|) = \int_{-\infty}^{+\infty} |z| \cdot \frac{1}{\sqrt{2\pi}} \mathrm{e}^{-\frac{z^2}{2}} \mathrm{d}z = 2 \int_0^{+\infty} z \frac{1}{\sqrt{2\pi}} \mathrm{e}^{-\frac{z^2}{2}} \mathrm{d}z$$

$$= -\sqrt{\frac{2}{\pi}} \mathrm{e}^{-\frac{z^2}{2}} \Bigg|_0^{+\infty} = \sqrt{\frac{2}{\pi}}。$$

17. （1）$E(X) = E(Y) = 0$，$D(X) = D(Y) = \dfrac{3}{4}$；

（2）$\rho_{XY} = 0$；（3）$D(X+Y) = \dfrac{3}{2}$；（4）X 与 Y 不相互独立。

18. $E(X) = \dfrac{2}{3}$，$E(Y) = 0$，$\mathrm{Cov}(X, Y) = 0$。

19. $E(X) = E(Y) = \dfrac{7}{6}$，$\mathrm{Cov}(X, Y) = -\dfrac{1}{36}$，$\rho_{XY} = -\dfrac{1}{11}$，$D(X+Y) = \dfrac{5}{9}$。

20. $E(XY) = 4$。

21. $D(2X - 3Y) = 4D(X) + 9D(Y) - 12\mathrm{Cov}(X, Y)$

$\qquad\qquad\quad = 4D(X) + 9D(Y) - 12\rho_{XY}\sqrt{D(X)} \cdot \sqrt{D(Y)}$

$\qquad\qquad\quad = 4 \times 4 + 9 \times 9 - 12 \times 0.5 \times 2 \times 3$

$\qquad\qquad\quad = 61$。

22. $\rho_{XY} = \dfrac{1}{\sqrt{3}}$。

23. 这里 $\mu = 1000$，$\sigma^2 = 2500$，由切比雪夫不等式，得

$$P\{900 \leqslant X \leqslant 1100\} = P\{|X - 1000| \leqslant 100\} \geqslant 1 - \frac{\sigma^2}{100^2} = \frac{3}{4},$$

所以概率至少是 $\dfrac{3}{4}$。

第 4 章习题答案

1. $\bar{x} = 0.5089$，$s^2 = 0.000118$。

2. 0.00086

3. $\hat{\theta} = \max\limits_{1 \leqslant i \leqslant n} \{X_i\}$

4. $\hat{b} = 2\overline{X}$。

5. $\hat{\mu} = \overline{X}$, $\hat{\sigma}^2 = \dfrac{1}{n} \displaystyle\sum_{i=1}^{n} (X_i - \overline{X})^2$。

6. 平均直径为 15.06，置信系数为 0.95 的置信区间为 $[14.88, 15.24]$。

第 5 章习题答案

1. C。

2. 不能。

3. 可以。

附 录

附录 1　几种常见的概率分布

分　布	参　数	分布律或概率密度	数 学 期 望	方　差
0-1 分布	$0 < p < 1$	$P\{X = k\} = p^k (1-p)^{1-k}$ $(k = 0,1)$	p	$p(1-p)$
二项 分布	$n \geqslant 1$ $0 < p < 1$	$P\{X = k\} = C_n^k p^k (1-p)^{n-k}$ $(k = 0,1,\cdots,n)$	np	$np(1-p)$
负二项 分布	$r \geqslant 1$ $0 < p < 1$	$P\{X = k\} =$ $C_{k-1}^{r-1} p^r (1-p)^{k-r}$ $(k = r,r+1,\cdots)$	$\dfrac{r}{p}$	$\dfrac{r(1-p)}{p^2}$
几何 分布	$0 < p < 1$	$P\{X = k\} = p(1-p)^{k-1}$ $(k = 1,2,\cdots)$	$\dfrac{1}{p}$	$\dfrac{1-p}{p^2}$
超几何 分布	N,M,n $(n \leqslant N)$ $(M \leqslant N)$	$P\{X = k\} = \dfrac{C_M^k C_{N-M}^{n-k}}{C_N^k}$ $k = 0,1,\cdots,\min\{n,M\}$	$\dfrac{nM}{N}$	$\dfrac{nM}{N}\left(1 - \dfrac{M}{N}\right)\left(\dfrac{N-n}{N-1}\right)$
泊松 分布	$\lambda > 0$	$P\{X = k\} = \dfrac{\lambda^k e^{-\lambda}}{k!}$ $(k = 0,1,\cdots)$	λ	λ
均匀 分布	$a < b$	$f(x) = \begin{cases} \dfrac{1}{b-a}, a < x < b, \\ 0, 其他 \end{cases}$	$\dfrac{a+b}{2}$	$\dfrac{(b-a)^2}{12}$

（续）

分　布	参　数	分布律或概率密度	数学期望	方　差
正态分布	μ $\sigma > 0$	$f(x) = \dfrac{1}{\sqrt{2\pi}\sigma} e^{-\frac{(x-\mu)^2}{2\sigma^2}}$	μ	σ^2
Γ 分布	$\alpha > 0$ $\beta > 0$	$f(x) = \begin{cases} \dfrac{1}{\beta^\alpha \Gamma(\alpha)} x^{\alpha-1} e^{-x/\beta}, & x > 0, \\ 0, & \text{其他} \end{cases}$	$\alpha\beta$	$\alpha\beta^2$
指数分布	$\theta > 0$	$f(x) = \begin{cases} \dfrac{1}{\theta} e^{-x/\theta}, & x > 0, \\ 0, & \text{其他} \end{cases}$	θ	θ^2
χ^2 分布	$n \geq 1$	$f(x) = \begin{cases} \dfrac{1}{2^{n/2}\Gamma(n/2)} x^{n/2-1} e^{-x/2}, & x > 0, \\ 0, & \text{其他} \end{cases}$	n	$2n$
韦布尔分布	$\eta > 0$ $\beta > 0$	$f(x) = \begin{cases} \dfrac{\beta}{\eta}\left(\dfrac{x}{\eta}\right)^{\beta-1} e^{-\left(\frac{x}{\eta}\right)^\beta}, & x > 0, \\ 0, & \text{其他} \end{cases}$	$\eta\Gamma\left(\dfrac{1}{\beta}+1\right)$	$\eta^2\left\{\Gamma\left(\dfrac{2}{\beta}+1\right) - \left[\Gamma\left(\dfrac{1}{\beta}+1\right)\right]^2\right\}$
瑞利分布	$\sigma > 0$	$f(x) = \begin{cases} \dfrac{x}{\sigma^2} e^{-x^2/(2\sigma^2)}, & x > 0, \\ 0, & \text{其他} \end{cases}$	$\sqrt{\dfrac{\pi}{2}}\,\sigma$	$\dfrac{4-\pi}{2}\sigma^2$
β 分布	$\alpha > 0$ $\beta > 0$	$f(x) = \begin{cases} \dfrac{\Gamma(\alpha+\beta)}{\Gamma(\alpha)\Gamma(\beta)} x^{\alpha-1}(1-x)^{\beta-1}, & 0 < x < 1 \\ 0, & \text{其他} \end{cases}$	$\dfrac{\alpha}{\alpha+\beta}$	$\dfrac{\alpha\beta}{(\alpha+\beta)^2(\alpha+\beta+1)}$
对数正态分布	μ $\sigma > 0$	$f(x) = \begin{cases} \dfrac{1}{\sqrt{2\pi}\sigma x} e^{-\frac{(\ln x - \mu)^2}{2\sigma^2}}, & x > 0, \\ 0, & \text{其他} \end{cases}$	$e^{\mu+\frac{\sigma^2}{2}}$	$e^{2\mu+\sigma^2}(e^{\sigma^2}-1)$
柯西分布	a $\lambda > 0$	$f(x) = \dfrac{1}{\pi}\dfrac{1}{\lambda^2+(x-a)^2}$	不存在	不存在
t 分布	$n \geq 1$	$f(x) = \dfrac{\Gamma\left(\dfrac{n+1}{2}\right)}{\sqrt{n\pi}\,\Gamma(n/2)}\left(1+\dfrac{x^2}{n}\right)^{-(n+1)/2}$	0 $(n>1)$	$\dfrac{n}{n-2}$ $(n>2)$
F 分布	n_1, n_2	$f(x) =$ $\begin{cases} \dfrac{\Gamma[(n_1+n_2)/2]}{\Gamma(n_1/2)\Gamma(n_2/2)}\left(\dfrac{n_1}{n_2}\right)\left(\dfrac{n_1}{n_2}x\right)^{(n_1-1)/2} \cdot \\ \quad \left(1+\dfrac{n_1}{n_2}x\right)^{-(n_1+n_2)/2}, & x > 0 \\ 0, & \text{其他} \end{cases}$	$\dfrac{n_2}{n_2-2}$ $(n_2>2)$	$\dfrac{2n_2^2(n_1+n_2-2)}{n_1(n_2-2)^2(n_2-4)}$ $(n_2>4)$

附录2　标准正态分布表

$$\Phi(x) = \int_{-\infty}^{x} \frac{1}{\sqrt{2\pi}} e^{-t^2/2} dt = P\{X \leqslant x\}$$

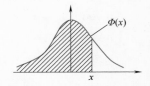

x	0	1	2	3	4	5	6	7	8	9
0.0	0.5000	0.5040	0.5080	0.5120	0.5160	0.5199	0.5239	0.5279	0.5319	0.5359
0.1	0.5398	0.5438	0.5478	0.5517	0.5557	0.5596	0.5636	0.5675	0.5714	0.5753
0.2	0.5793	0.5832	0.5871	0.5910	0.5948	0.5987	0.6026	0.6064	0.6103	0.6141
0.3	0.6179	0.6217	0.6255	0.6293	0.6331	0.6368	0.6406	0.6443	0.6480	0.6517
0.4	0.6554	0.6591	0.6628	0.6664	0.6700	0.6736	0.6772	0.6808	0.6844	0.6879
0.5	0.6915	0.6950	0.6985	0.7019	0.7054	0.7088	0.7123	0.7157	0.7190	0.7224
0.6	0.7257	0.7291	0.7324	0.7357	0.7389	0.7422	0.7454	0.7486	0.7517	0.7549
0.7	0.7580	0.7611	0.7642	0.7673	0.7703	0.7734	0.7764	0.7794	0.7823	0.7852
0.8	0.7881	0.7910	0.7939	0.7967	0.7995	0.8023	0.8051	0.8078	0.8106	0.8133
0.9	0.8159	0.8186	0.8212	0.8238	0.8264	0.8289	0.8315	0.8340	0.8365	0.8389
1.0	0.8413	0.8438	0.8461	0.8485	0.8508	0.8531	0.8554	0.8577	0.8599	0.8621
1.1	0.8643	0.8665	0.8686	0.8708	0.8729	0.8749	0.8770	0.8790	0.8810	0.8830
1.2	0.8849	0.8869	0.8888	0.8907	0.8925	0.8944	0.8962	0.8980	0.8997	0.9015
1.3	0.9032	0.9049	0.9066	0.9082	0.9099	0.9115	0.9131	0.9147	0.9162	0.9177
1.4	0.9192	0.9207	0.9222	0.9236	0.9251	0.9265	0.9278	0.9292	0.9306	0.9319
1.5	0.9332	0.9345	0.9357	0.9370	0.9382	0.9394	0.9406	0.9418	0.9430	0.9441
1.6	0.9452	0.9463	0.9474	0.9484	0.9495	0.9505	0.9515	0.9525	0.9535	0.9545
1.7	0.9554	0.9564	0.9573	0.9582	0.9591	0.9599	0.9608	0.9616	0.9625	0.9533
1.8	0.9641	0.9648	0.9656	0.9664	0.9671	0.9678	0.9686	0.9693	0.9700	0.9706
1.9	0.9713	0.9719	0.9726	0.9732	0.9738	0.9744	0.9750	0.9756	0.9762	0.9767

（续）

x	0	1	2	3	4	5	6	7	8	9
2.0	0.9772	0.9778	0.9783	0.9788	0.9793	0.9798	0.9803	0.9808	0.9812	0.9817
2.1	0.9821	0.9826	0.9830	0.9834	0.9838	0.9842	0.9846	0.9850	0.9854	0.9857
2.2	0.9861	0.9864	0.9868	0.9871	0.9874	0.9878	0.9881	0.9884	0.9887	0.9890
2.3	0.9893	0.9893	0.9898	0.9901	0.9904	0.9906	0.9909	0.9911	0.9913	0.9916
2.4	0.9918	0.9920	0.9922	0.9925	0.9927	0.9929	0.9931	0.9932	0.9934	0.9936
2.5	0.9938	0.9940	0.9941	0.9943	0.9945	0.9946	0.9948	0.9949	0.9951	0.9952
2.6	0.9953	0.9955	0.9956	0.9957	0.9959	0.9960	0.9961	0.9962	0.9963	0.9964
2.7	0.9965	0.9966	0.9967	0.9968	0.9969	0.9970	0.9971	0.9972	0.9973	0.9974
2.8	0.9974	0.9975	0.9976	0.9977	0.9977	0.9978	0.9979	0.9979	0.9980	0.9981
2.9	0.9981	0.9982	0.9982	0.9983	0.9984	0.9984	0.9985	0.9985	0.9986	0.9986
3.0	0.9987	0.9990	0.9993	0.9995	0.9997	0.9998	0.9998	0.9999	0.9999	1.0000

注：表中末行系函数值 $\Phi(3.0)$，$\Phi(3.1)$，$\cdots$，$\Phi(3.9)$。

附录3　泊松分布表 ••

$$1 - F(x-1) = \sum_{k=x}^{k=\infty} \frac{e^{-\lambda}\lambda^k}{k!}$$

x	$\lambda=0.2$	$\lambda=0.3$	$\lambda=0.4$	$\lambda=0.5$	$\lambda=0.6$
0	1.0000000	1.0000000	1.0000000	1.0000000	1.0000000
1	0.1812692	0.2591818	0.3296800	0.323469	0.451188
2	0.0175231	0.0369363	0.0615519	0.090204	0.121901
3	0.0011485	0.0035995	0.0079263	0.014388	0.023115
4	0.0000568	0.0002658	0.0007763	0.001752	0.003358
5	0.0000023	0.0000158	0.0000612	0.000172	0.000394
6	0.0000001	0.0000008	0.0000040	0.000014	0.000039
7			0.0000002	0.000001	0.000003

（续）

x	λ = 0.7	λ = 0.8	λ = 0.9	λ = 1.0	λ = 1.2
0	1.0000000	1.0000000	1.0000000	1.0000000	1.0000000
1	0.503415	0.550671	0.593430	0.632121	0.698806
2	0.155805	0.191208	0.227518	0.264241	0.337373
3	0.034142	0.047423	0.062857	0.080301	0.120513
4	0.005753	0.009080	0.013459	0.018988	0.033769
5	0.000786	0.001411	0.002344	0.003660	0.007746
6	0.000090	0.000184	0.000343	0.000594	0.001500
7	0.000009	0.000021	0.000043	0.000083	0.000251
8	0.000001	0.000002	0.000005	0.000010	0.000037
9				0.000001	0.000005
10					0.000001

x	λ = 1.4	λ = 1.6	λ = 1.8		
0	1.000000	1.000000	1.000000		
1	0.753403	0.798103	0.834701		
2	0.408167	0.475069	0.537163		
3	0.166502	0.216642	0.269379		
4	0.053725	0.078813	0.108708		
5	0.014253	0.023682	0.036407		
6	0.003201	0.006040	0.010378		
7	0.000622	0.001336	0.002569		
8	0.000107	0.000260	0.000562		
9	0.000016	0.000045	0.000110		
10	0.000002	0.000007	0.000019		
11		0.000001	0.000003		

（续）

x	λ=2.5	λ=3.0	λ=3.5	λ=4.0	λ=4.5	λ=5.0
0	1.000000	1.000000	1.000000	1.000000	1.000000	1.000000
1	0.917915	0.950213	0.969803	0.981684	0.988891	0.993262
2	0.712703	0.800852	0.864112	0.908422	0.938901	0.959572
3	0.456187	0.576810	0.679153	0.761897	0.826422	0.875348
4	0.242424	0.352768	0.463367	0.566530	0.657704	0.734974
5	0.108822	0.184737	0.274555	0.371163	0.467896	0.559507
6	0.042021	0.083918	0.142386	0.241870	0.297070	0.384039
7	0.014187	0.033509	0.065288	0.110674	0.168949	0.237817
8	0.04247	0.011905	0.026739	0.051134	0.086586	0.133372
9	0.001140	0.003803	0.009874	0.021363	0.040257	0.068094
10	0.000277	0.001102	0.003315	0.008132	0.017093	0.031828
11	0.000062	0.000292	0.001019	0.002840	0.006669	0.013695
12	0.000013	0.000071	0.000289	0.000915	0.002404	0.005453
13	0.000002	0.000016	0.000076	0.000274	0.000805	0.002019
14		0.000003	0.000019	0.000076	0.000252	0.000698
15		0.000001	0.000004	0.000020	0.000074	0.000226
16			0.000001	0.000005	0.000020	0.000069
17				0.000001	0.000005	0.000020
18					0.000001	0.000005
19						0.000001

参 考 文 献

［1］陈家鼎，刘婉如，汪仁官. 概率统计讲义［M］. 北京：高等教育出版社，2004.

［2］魏宗舒，等. 概率论与数理统计［M］. 2 版. 北京：高等教育出版社，2008.

［3］盛骤，谢式千，潘承义. 概率论与数理统计［M］. 4 版. 北京：高等教育出版社，2008.

［4］R Hogg，E Tanis. Probability and statistical inference［M］. 7th ed. London：Pearson Higher Education，2005.

［5］Sheldon Ross. A first course in probability［M］. 8th ed. London：Pearson Prentice Hall，2009.